国家中等职业教育改革发展示范校建设系列教材

模板工实训

主　编　李小琴

副主编　李　芳

参　编　黄海军　曾永军　吴志焘

中国水利水电出版社
www.waterpub.com.cn

内 容 提 要

本教材由两部分组成：第一部分主要内容为模板工程实训目标及要求；第二部分主要内容为模板工程实训用到的主要理论知识及相关模板工程实训项目。教材对模板工程的实训目的、要求、基础知识进行了简明介绍，结合相关规范，设计编写了大量的实训项目，目的在于提高中等职业学校水利类专业学生的动手能力和职业岗位能力。

本教材可作为中等职业学校水利类、建筑类专业模板工程教学及模板工的岗前培训教材，也可供水利工程技术人员阅读参考。

图书在版编目（CIP）数据

模板工实训 / 李小琴主编. -- 北京：中国水利水电出版社，2015.2(2023.8重印)
国家中等职业教育改革发展示范校建设系列教材
ISBN 978-7-5170-2973-1

Ⅰ. ①模… Ⅱ. ①李… Ⅲ. ①模板－建筑工程－工程施工－中等专业学校－教材 Ⅳ. ①TU755.2

中国版本图书馆CIP数据核字(2015)第036616号

书　　名	国家中等职业教育改革发展示范校建设系列教材 **模板工实训**
作　　者	主　编　李小琴 副主编　李　芳 参　编　黄海军　曾永军　吴志焘
出版发行	中国水利水电出版社 （北京市海淀区玉渊潭南路1号D座　100038） 网址：www.waterpub.com.cn E-mail：sales@mwr.gov.cn 电话：(010) 68545888（营销中心）
经　　售	北京科水图书销售有限公司 电话：(010) 68545874、63202643 全国各地新华书店和相关出版物销售网点
排　　版	中国水利水电出版社微机排版中心
印　　刷	天津嘉恒印务有限公司
规　　格	184mm×260mm　16开本　11.5印张　272千字
版　　次	2015年2月第1版　2023年8月第2次印刷
印　　数	3001—4000册
定　　价	**35.00元**

凡购买我社图书，如有缺页、倒页、脱页的，本社营销中心负责调换
版权所有·侵权必究

甘肃省水利水电学校教材编审委员会

主　任　杨言国

副主任　陈军武　王德彬　王贵忠

委　员　徐洲元　许贵之　康喜梅　李小琴　温淑桥
　　　　　徐　锦　张小旸　张启旺　李　芳　靳巧玲
　　　　　李贵兴（中国水利水电第四工程局）
　　　　　王福让（中国水利水电第四工程局）
　　　　　王　贤（中国水利水电第四工程局）
　　　　　阎有江（中国水利水电第四工程局）
　　　　　杨金龙（中国水利水电第二工程局）
　　　　　黄海军（中国水利水电第五工程局）
　　　　　马云峰（中国水利水电第六工程局）
　　　　　李　晗（中国水利水电第十一工程局）
　　　　　彭　波（贵州省交通规划勘察设计研究院）
　　　　　王振强（甘肃省水利水电勘测设计院）
　　　　　闵卫林（甘肃省水利水电工程局）
　　　　　曾永军（明珠电力集团）

前　言

随着我国各类土木工程建设的迅速发展，现浇混凝土结构的比例日益增长，模板已成为适应多类建筑结构中量大面广、不可缺少的重要施工工具，模板工程技术也发生了巨大的变化，并逐步形成了能适应多类建筑结构体系施工的工业化模板体系。

本教材是中等职业教育改革发展示范学校建设的课程改革成果之一。人才培养模式的改革是示范校建设的重点。本教材是根据示范校建设的指导思想、总体目标，通过构建以工作过程为导向，结合岗位要求和职业标准，在以培养学生实际操作技能为主的人才培养模式的基础上编写的融教、学、做为一体的实训教材。

模板工程施工是建筑类职业学校学生必修的一门专业课，是一门理论与实践紧密结合的应用型专业课。本教材在编写时，按照职业教育的要求，结合教学改革实践，以适应职业岗位需求为导向，加强实践教学，着力促进知识传授与生产实践的紧密衔接，在注重模板基础知识的同时，重点培养学生的实际操作能力，突出实用性，使学生能更好地理解和掌握模板的施工过程。在介绍建筑工程中常用的几种模板时，除了基本的理论知识，还加入了相应的实训项目，使学生能将理论知识与实际操作结合起来。

本教材共有九个学习情境，主要内容包括概述、模板工程概述、建筑工程图的识读、胶合板模板及木模板、钢模板、大模板、滑动模板、模板工程质量控制、模板工程的质量问题与防治、模板工程施工实例。

本教材由甘肃水利水电学校李小琴任主编并完成统稿，甘肃水利水电学校讲师李芳任副主编，参编人员有明珠电力集团高级工程师曾永军、中国水电五局高级工程师黄海军、甘肃水电学校教师吴志焘。概述、学习情境一、二、三、四、九由李小琴编写，学习情境五由吴志焘编写，学习情境六由李芳编写，学习情境七由黄海军编写，学习情境八由曾永军编写。

教材编写过程中得到了中国水利水电第五工程局高级工程师黄海军、明珠电力集团高级工程师曾永军及甘肃省水利水电学校水工系各位老师的大力支持，在此深表感谢。教材编写时参考了已出版的多种相关培训教材和著作，对这些教材和著作的编著者，一并表示谢意。

由于编者的专业水平和实践经验有限，本教材疏漏或不当之处在所难免，恳请读者指正。

编者

2014 年 12 月

目 录

前言

概述 …………………………………………………………………………………………… 1

学习情境一　模板工程概述 ………………………………………………………………… 4
项目1　模板的作用及要求 ……………………………………………………………… 4
项目2　模板支架的分类 ………………………………………………………………… 5
项目3　模板的连接工具及支撑工具 …………………………………………………… 6
项目4　模板施工前的准备工作 ………………………………………………………… 11

学习情境二　建筑工程图的识读 …………………………………………………………… 13
项目1　建筑制图标准 …………………………………………………………………… 13
项目2　建筑工程图的分类 ……………………………………………………………… 21
项目3　建筑总平面图的识读 …………………………………………………………… 23
项目4　建筑平面图的识读 ……………………………………………………………… 25
项目5　建筑立面图的识读 ……………………………………………………………… 30
项目6　建筑剖面图的识读 ……………………………………………………………… 32

学习情境三　胶合板模板及木模板 ………………………………………………………… 34
项目1　胶合板模板 ……………………………………………………………………… 34
项目2　木模板 …………………………………………………………………………… 40
项目3　扣件式钢管脚手架搭设实训 …………………………………………………… 46
项目4　一字形斜道搭设实训 …………………………………………………………… 50
项目5　基础模板安装实训 ……………………………………………………………… 54

学习情境四　钢模板 ………………………………………………………………………… 57
项目1　55型钢模板施工 ………………………………………………………………… 58
项目2　中型组合钢模板 ………………………………………………………………… 71
项目3　梁模板安装实训 ………………………………………………………………… 76
项目4　柱组合钢模板安装实训 ………………………………………………………… 80

学习情境五　大模板 ………………………………………………………………………… 84
项目1　大模板概况 ……………………………………………………………………… 84
项目2　大模板施工 ……………………………………………………………………… 92
项目3　大体积混凝土模板 ……………………………………………………………… 102

学习情境六　滑动模板 110
项目1　滑动模板的组成 111
项目2　滑模装置组装 116
项目3　竖向结构滑模施工 118
项目4　一般滑模施工 119

学习情境七　模板工程质量控制 130
项目1　模板验收的一般规定 130
项目2　模板工程质量验收标准 131

学习情境八　模板工程的质量问题与防治 137
项目1　模板工程质量缺陷及防治 137
项目2　模板支撑失稳倒塌事故案例 148

学习情境九　模板工程施工实例 151
项目1　某小区1号住宅楼模板施工方案 151
项目2　湖南省质量技术监督检测中心模板工程施工方案 162

参考文献 173

概　　述

"模板工实训"是水利水电工程技术专业的一门专业技能课程，是一门理论与实践紧密结合的应用型专业课，主要任务是普及模板工程的基础知识及动手操作技能，是水利工程建设的施工员、质检员、造价员、安全员等职业岗位人员必备的专业技能，是水利工程专业领域的工程技术人员必备的技能之一。

通过本课程学习，为水工建筑物的重力坝、水闸、隧洞、中小型水电站建筑物施工等课程的学习奠定了基础。为学生顶岗实习、毕业后能胜任岗位工作及考取职能技能证书起到良好的支撑作用。通过项目教学，使学生了解模板工程的基础知识，掌握建筑工程图的识读、木模板施工工艺、钢模板施工工艺、大模板施工工艺、永久性模板的施工工艺、其他现浇混凝土模板的施工工艺、模板施工的安全问题、模板安装与拆除的质量要求及检验、模板工程的质量问题与防治。

一、实训目标

（1）熟悉钢筋混凝土结构，能识读水工建筑相关图纸内容。
（2）熟悉水工模板的分类及连接工具和支撑工具的使用技能。
（3）掌握一般模板工程柱、墙、梁、板等结构构件的模板体系构造组成和安装工艺流程。
（4）掌握一般模板工程支架体系构造组成和基本要求。
（5）掌握模板工程施工过程中的安全操作要求。
（6）通过模板的安装与拆除，培养学生的团队协作能力。

二、实训重点

（1）熟悉各种连接件和支承件使用方法。
（2）能使用组合钢模板进行梁、柱、板、墙等构件模板的安装与拆卸操作。
（3）钢筋混凝土结构模板支架体系的构成模拟制作、安装工艺流程。

三、教学建议

模板工实训指导教师应具备较丰富的工程实践经验，根据教学的内容安排相应的实训项目，教学采用项目驱动教学法，实训开始前由教师讲解模板的相关基础知识，通过多媒体教学手段，利用模板工程施工现场的照片和模板安装的施工视频及仿真软件先向学生演示模板的施工过程，增加学生对模板施工过程的感性认识，提高对后面要进行的实训项目的兴趣，以达到更好的实训效果。教师在实训中要引导学生从动手操作中发现问题，有针对性地展开讨论，提出解决方案。

四、实训条件及注意事项

（一）实训场地

按一次一个班实训，4～5人一组，一个班分10组，场地面积不少于200m^2。

（二）实训工具

（1）实训材料。

1）定组合钢模板：长度为1500mm、1200mm、900mm、750mm、600mm；宽度为100mm、150mm、200mm、300mm。

2）定型钢角模：阴角模板、阳角模板、连接角模。

3）连接件：U形卡、L形插销、钩头螺栓、扣件、对拉螺栓、紧固螺栓、蝶形扣件、3形扣件。

4）支撑件：钢楞、柱箍、钢支柱、梁卡具、斜撑。

5）18mm胶合板、木支撑、铁丝、铁钉。

6）脱模剂。

（2）实训机具。实训用具包括：圆锯、手锯、钉锤、电钻、水平尺、钢卷尺、大锤、扳手。

（三）实训材料准备

根据不同实训项目，老师协助学生做好材料准备。

（四）工具和材料使用注意事项

（1）实训中应加强实训材料的管理及实训机具的保养和维修。

（2）钢模板及配件、钢管支柱、铁丝、铁钉的质量要求要符合规范规定。

（3）材料的使用、运输、储存等施工过程中必须采取有效措施，防止损坏、变质和污染环境。

（4）常用工具操作结束应清洗收好。

（五）施工操作注意事项

（1）模板和混凝土的接触面应清理干净并涂刷隔离剂，严禁隔离剂沾污钢筋和混凝土接槎处。

（2）立柱与立柱之间的带锥销横杆，应用锤子敲紧，防止立柱失稳。支撑完毕应设专人检查。

（3）工作前应先检查使用的工具是否牢固。扳手等工具必须用绳链系挂在身上，钉子必须放在工具袋内，以免掉落伤人。工作时要思想集中，防止钉子扎脚或空中滑落。

（4）不得在脚手架上堆放大批模板等材料。

（5）二人抬运模板时要相互配合，协同工作。传递模板、工具，应用运输工具或绳子系牢后升降，不得乱抛。组合钢模拆装时，上下应有人接应。钢板及配件应随装拆随运送，严禁从高处掷下，高空拆模时应有专人指挥，并在下面标出工作区，用绳子和红白旗圈围，暂停人员过往。

（6）安装或拆除高处模板时，应搭脚手架，并设防护栏杆，防止上下在同一垂直面操作。

（7）支模过程中，如需中途停歇，应将支撑、搭头、柱头板等钉牢。拆模间歇时，应将已活动的模板、牵杆、支撑等运走或妥善堆放，防止因踏空、扶空而造成坠落。

（8）拆除模板一般用长撬棒，人不许站在正在拆除的模板上。在拆除模板时，要注意模板可能整块掉下，尤其是用定型模板做平台模板时，更要注意，拆模人员要站在门窗洞口外拉支撑，防止模板突然掉落伤人。

(9) 拆模必须一次性拆清，不得留下无撑模板。拆下的模板要及时清理，堆放整齐。

(10) 操作人员严禁穿硬底鞋和有跟鞋作业。

(11) 装拆模板时，作业人员要站立在安全地点进行操作，防止上下同在一垂直面工作，操作人员要主动避让吊物，增强自我保护和相互保护的安全意识。

(12) 在模板吊装时，吊点必须符合扎重要求，以防坠落伤人。模板顶撑排列必须符合施工荷载要求，拆模时，临时脚手架必须牢固，不得用拆下的模板作脚手板。脚手板搁置必须牢固平整，不得有空头板，以防踏空坠落。

(六) 学生操作纪律与安全注意事项

(1) 实训前应认真阅读实训指导书，熟悉实训指导书的内容，明确实训任务。

(2) 学生到工作间实习实训，必须穿实训服装，不准穿拖鞋、凉鞋，不准戴围巾，男同学不准穿短裤、背心，女同学不准穿高跟鞋、裙子。

(3) 女同学的长发必须盘起来。

(4) 实训期间要严格遵守工地规章制度和安全操作规程，进入实训场所必须戴安全帽，随时注意安全防止发生安全事故。

(5) 严格遵守设备的操作规程，严禁违章操作，确保设备和人身安全。

(6) 禁止在车间内追逐、打闹、喧哗、串岗和抽烟，以免造成事故或影响他人工作。

(7) 工作间里的电闸、开关、配电柜等不准随意乱动，以防造成停电短路事件及人身设备伤害事故。

(8) 遵守实训中心各项规章制度和纪律。

(9) 每天写好实训日记，记录施工情况、心得体会、革新建议等。

(10) 实训结束前写好实训报告。

学习情境一　模板工程概述

项目1　模板的作用及要求

一、模板的作用

在现代建筑工程施工过程中，钢筋混凝工程是一项不可缺少的重要组成部分。现浇钢筋混凝土工程施工由钢筋工程、模板工程和混凝土工程三部分组成，而其中模板工程是建筑工程施工的一个重要项目，是混凝土结构工程施工的重要工具。模板工程是为满足各类混凝土结构工程成型要求的模板面板及其支撑体系（支架）的总称。模板是新浇混凝土结构或构件成型的模型，使硬化后的混凝土具有设计要求的形状和尺寸；支撑部分是保证模板的形状和位置，并承受模板和新浇混凝土的重量及施工荷载。

模板工程的拆装时间约占总施工周期的35%，对施工进度有控制作用，模板工序在许多情况下是施工网络图中的关键路线，模板拆装作业往往是控制性工序之一，直接影响工程进度。模板工程的造价约占钢筋混凝土总造价的5%~10%，用工量占总用量的10%~20%，模板工程对保证混凝土外观几何尺寸、外观质量起着决定性作用。

模板对混凝土的主要作用有以下几点：

（1）支撑作用。支撑混凝土的重量、流态、混凝土侧压力及其他施工荷载。

（2）成型作用。使新浇的混凝土凝固成型，保证结构物的设计形状、尺寸和相对位置的正确。

（3）保护作用。使混凝土在较好的温湿条件下凝固硬化，减轻外界气温的有害影响。

二、模板及支架的要求

现浇混凝土结构工程施工中用的模板结构，主要由面板、支撑结构和连接件三部分组成。面板是构成模板并直接接触新浇混凝土的承力板；支撑结构即模板的支架，是支撑面板、混凝土和施工荷载的临时结构，保证面板结构牢固组合，不变形、不破坏；连接件是将面板与支撑结构连接成整体的配件。

为了保证混凝土结构或构件在浇筑过程中保持准确的形状、尺寸和相对位置，在混凝土硬化过程中进行有效的防护和养护，模板结构必须符合以下基本要求：

（1）具有足够的强度、刚度和稳定性，能可靠地承受新浇混凝土的自重、侧压力和施工荷载，以确保施工质量和施工安全。

（2）保证混凝土结构和构件各部位形状、尺寸和相互位置的准确性。

（3）模板面板平整、光滑，拼装严密，不漏浆。

（4）模板结构应尽量构造简单，安装拆卸方便，且便于钢筋绑扎、安装和混凝土浇筑。

（5）模板尽量做到标准化、系列化，可以多次重复使用，以达到降低工程造价的目的。

项目 2　模板支架的分类

一、模板的分类

（一）按制作材料

工程实践证明，在混凝土浇筑成型的施工过程中，很多材料都可以作为制作模板的材料，目前常见的有以下几类。

1. 木模板

混凝土工程最初是采用木材经过组合加工成模板。20 世纪 50 年代初，我国现浇结构模板主要采用传统的手工拼装木模板，耗用木材量大，而且施工方法落后。近年来，出现了用多层胶合板做模板料进行施工的方法，对这种胶合板做的模板，国家专门制定了《混凝土模板用胶合板》(GB/T 17656—2008) 的专业标准，对模板的尺寸、材质、加工提出了规定。胶合板模板加工成型比较省力，材质坚韧，不透水，自重轻，浇筑出的混凝土外观清晰美观。

2. 钢模板

国内目前常用的钢模板大致可分为两类：一类是小块钢模，它是以一定尺寸模数做成不同大小的单块钢模，在施工时拼装成构件所需的尺寸，也称为小块组合钢模，组合拼装时采用 U 形卡将板缝卡紧形成一体；另一类是大模板，主要用于墙体的支模，多用在剪力墙结构中，模板的大小按设计的墙身大小制作。

3. 塑料模板

塑料模板是随着钢筋混凝土预应力现浇密肋楼盖的出现而创制出来的。其形状如一个方形大盆，支模时倒扣在支架上，底面朝上，称为塑壳定型模板。在壳模四侧形成十字交叉的楼盖肋梁。这种模板的优点是拆模快，容易周转，不足之处是仅能用在钢筋混凝土结构的楼盖施工中。

4. 其他模板

20 世纪 80 年代中期以来，现浇结构模板趋向多样化。主要有铝合金模板、玻璃钢模板、压型钢板模板、钢筋混凝土模板等。

（二）按施工工艺

按施工工艺不同，模板可分为现浇混凝土模板、预组装模板、大模板、爬升模板等。

1. 现浇混凝土模板

根据混凝土结构形状不同就地形成的模板，多用于基础、梁、板等现浇混凝土工程。模板支撑系多通过支于地面或基坑侧壁以及对拉的螺栓承受混凝土的竖向和侧向压力。这种模板适应性强，但周转缓慢。

2. 预组装模板

由定型模板分段预组成较大面积的模板及其支撑体系，用起重设备吊运到混凝土浇筑位置，多用于大体积混凝土工程。

3. 大模板

大模板是大型模板与大块模板的简称，是采用专业设计和工业化加工制作的一种工具式模板，一般与支架连在一起，具有安装和拆除方便、尺寸准确、板面整齐、周转使用次数多等优点，主要用于剪力墙结构。

4. 爬升模板

爬升模板是由两段以上固定形状的模板，通过埋设于混凝土结构中的固定件，形成模板支撑条件，承受混凝土施工荷载，当混凝土达到一定强度时，拆模上翻，形成新的模板体系。多用于变直径的冷却塔、进水塔以及设有滑升设备的高耸混凝土结构工程。

二、模板支架分类

模板支架现在仍习惯称为脚手架或架子，按其使用材料不同可分为木支架、扣件式钢管支架、碗扣式钢管支架、门式钢管支架。

项目 3　模板的连接工具及支撑工具

一、连接工具

固定模板的连接工具除木模板采用螺栓与原钉外，其余的一般采用 U 形卡、L 形插销、钩头螺栓、紧固螺栓、对拉钩栓和扣件等。

1. U 形卡

U 形卡用于钢模纵横向自由拼接，相邻模板的 U 形卡安装间距一般不大于 300mm，即每隔一孔卡插 1 个，如图 1-1 所示。

2. L 形插销

L 形插销用来插入钢模板横肋的插销孔内，以增强相邻模板接头处的刚度和保证接头处板面平整，如图 1-2 所示。

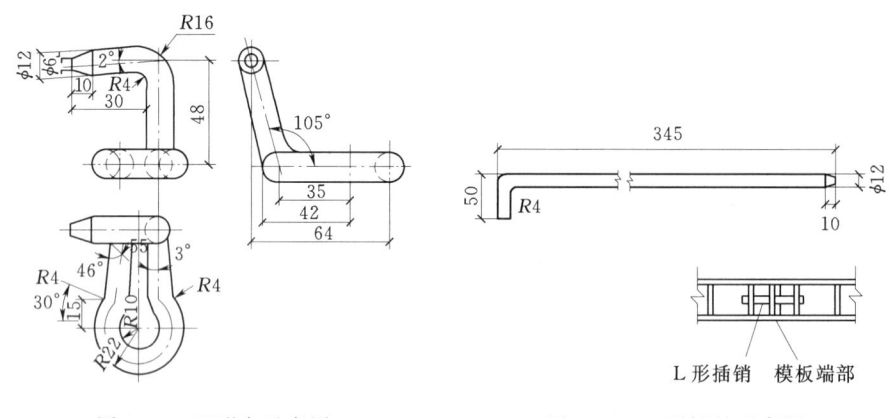

图 1-1　U 形卡示意图　　　　图 1-2　L 形插销示意图

3. 钩头螺栓

钩头螺栓用于钢模板与内外钢楞的连接固定。安装间距一般不大于 600mm，长度应与采用的钢楞尺寸相适应，如图 1-3 所示。

4. 紧固螺栓

紧固螺栓用于紧固内外钢楞，长度应与采用的钢楞尺寸相适应，如图 1-4 所示。

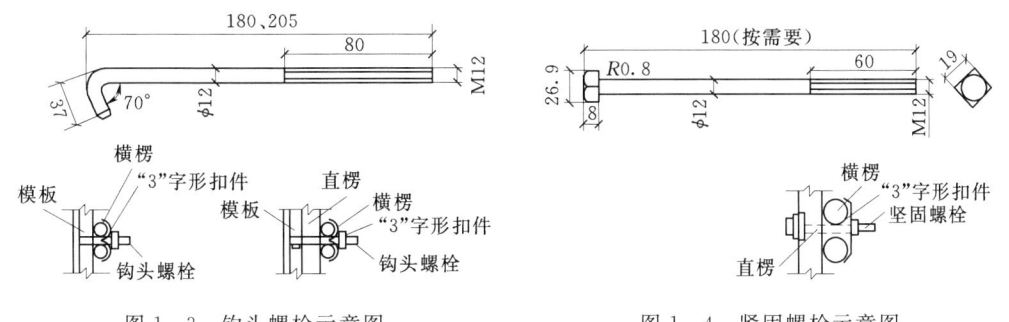

图 1-3 钩头螺栓示意图   图 1-4 紧固螺栓示意图

5. 对拉螺栓

对拉螺栓用于连接墙壁两侧模板，对拉装置的种类和规格尺寸，可按设计要求和供应条件选用，如图 1-5 所示。

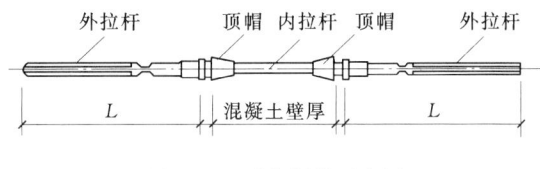

图 1-5 对拉螺栓示意图

6. 扣件

扣件用于钢楞与钢模板或钢楞之间的扣紧，可采用蝶形扣件和"3"字形扣件，如图 1-6 所示。

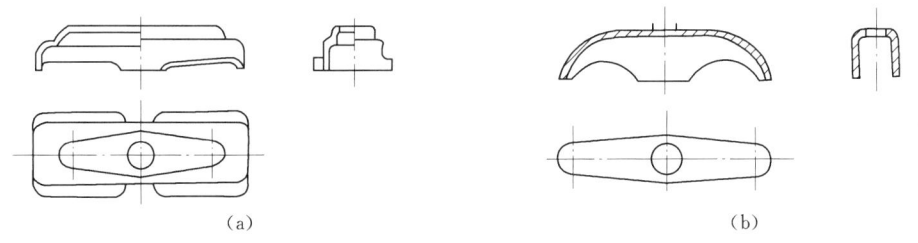

图 1-6 扣件示意图
(a) 蝶形扣件；(b) "3"字形扣件

二、支撑工具

1. 支撑件

(1) 钢楞。钢楞用于支撑钢模板和加强其整体刚度。钢楞材料有圆钢管、矩形钢管和内卷边槽钢等形式。

(2) 柱箍。柱箍又称柱子卡箍、定位夹箍，主要用于直接支撑和夹紧各类柱子模板的支撑件，其形式应根据柱子模板的外形尺寸、侧压力大小等因素选择。柱箍的类型和构造如图 1-7 所示。

(3) 钢支柱。钢支柱主要用于大梁、楼板等水平模板传递的垂直支撑，采用 Q235 钢管制作。按其结构不同，钢支柱有单管支柱、四管制住等多种形式，如图 1-8 所示。

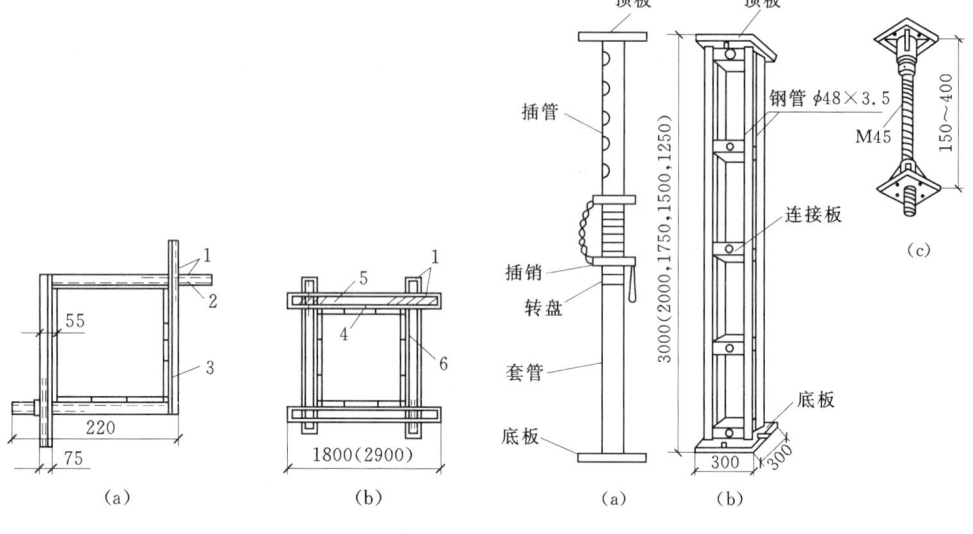

图 1-7 柱箍
1—插销；2—限位器；3—夹板；
4—模板；5—型钢 A；6—型钢 B

图 1-8 钢支柱
(a) 单管支柱；(b) 四管支柱；(c) 螺栓千斤顶

（4）梁卡具。梁卡具又称为梁托架，是一种将大梁、过梁等钢模板夹紧固定的装置，并承受施工中的混凝土侧压力。梁卡具的种类很多，应用较多的是钢管型梁卡具、扁钢和圆钢管组合梁卡具。钢管型梁卡具（图1-9）适用于断面为700mm×500mm以内的梁；扁钢和圆钢管组合梁卡具（图1-10）适用于断面为600mm×500mm以内的梁。这两种梁卡具均用Q235钢制作，其高度和宽度都能进行调节，使用比较方便。

（5）桁架。桁架分为平面可调和曲面可变桁架，平面可调桁架用于支承楼板、梁平面构件的模板，曲面可变桁架支承曲面构件的模板，如圆形基础、竖井、明渠、大坝、桥墩、挡土墙等。

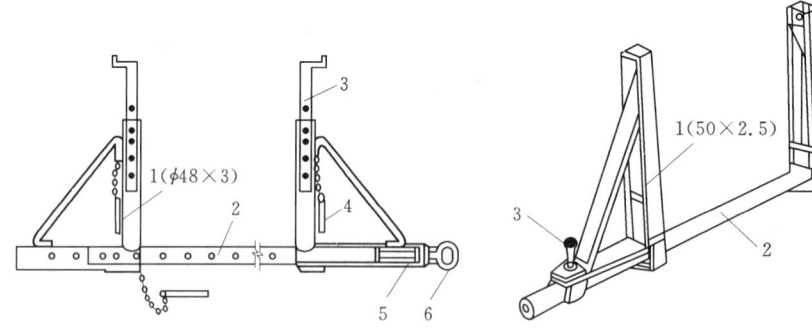

图 1-9 钢管型梁卡具
1—三脚架；2—底座；3—调节杆；
4—插销；5—调节螺栓；6—钢筋环

图 1-10 扁钢和圆钢组合梁卡具
1—三脚架；2—底座；3—固定螺栓

1) 平面可调桁架（图1-11）：用于楼板、梁等水平模板的支架。用它支设模板，可以节省模板支撑和扩大楼层的施工空间,有利于加快施工速度。平面可调桁架采用角钢、扁钢和圆钢筋制成,由两榀桁架组合后,其跨度可在 2100～3500mm 范围内调整,一个桁架的总承载力为 20kN(均匀放置)。

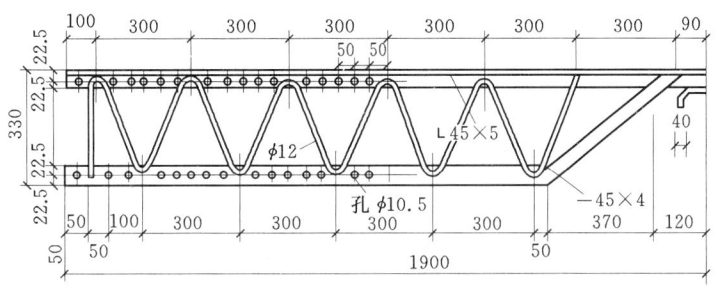

图 1-11　平面可调桁架

2) 曲面可变桁架(图 1-12):由桁架、连接件、垫板、连接板、方垫块等组成,适用于筒仓、沉井、圆形基础、明渠、暗渠、水坝、桥墩、挡土墙等侧向构件,曲面构筑物模板的支撑。曲面可变桁架用扁钢和圆钢筋焊制成,内弦与腹筋焊接固定,外弦可以伸缩,曲面弧度可以自由调节,最小曲率半径为 3m。

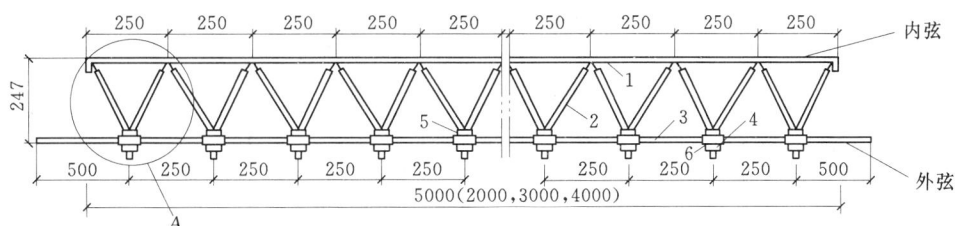

图 1-12　曲面可变桁架

(6) 早拆柱头。用于梁和模板的支撑柱头,以及模板早拆,如图 1-13 所示。

(7) 斜撑。用于承受墙、柱等侧模板的侧向荷载和调整竖向支模的垂直度,如图 1-14 所示。

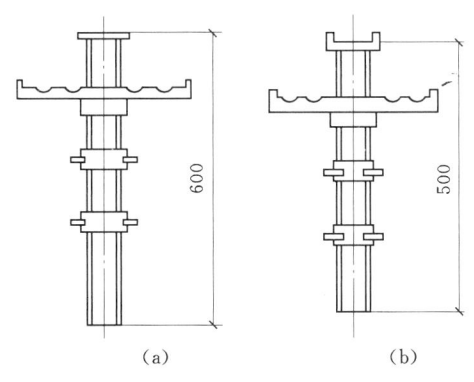

图 1-13　螺旋式早拆柱头
(a) 使用时；(b) 使用后

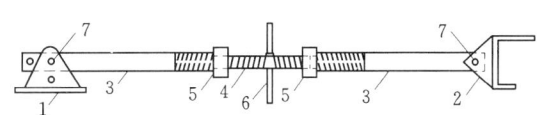

图 1-14　斜撑
1—底座；2—顶撑；3—钢管斜撑；4—花篮螺丝；
5—螺帽；6—旋杆；7—销钉

2. 碗扣式脚手架

碗扣式脚手架是承插式单管脚手架的一种形式，其构造与扣件式钢管脚手架基本相同，主要由立杆、横杆、斜杆、可调底座等组成，不同之处是立杆与横杆、斜杆之间的连接不是采用扣件，而是在立杆上焊上插座，横杆和斜杆上焊上插头，利用插头插入插座，形成多尺寸的脚手架。碗扣式钢管手架节点如图1-15所示。

3. 扣件式钢管脚手架

扣件式钢管脚手架是以标准的钢管做杆件（立杆、横杆和斜杆），以特别的扣件做连接件，组成骨架，铺放脚手板，并用支撑与防护构配件搭设而成的多用途的脚手架支撑体系。扣件式钢管脚手架组成如图1-16所示，其立面图和剖面图如图1-17、图1-18所示。

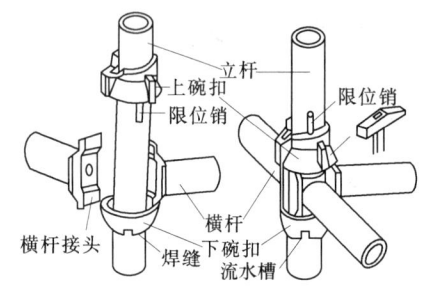

图1-15 碗扣式钢管脚手架节点

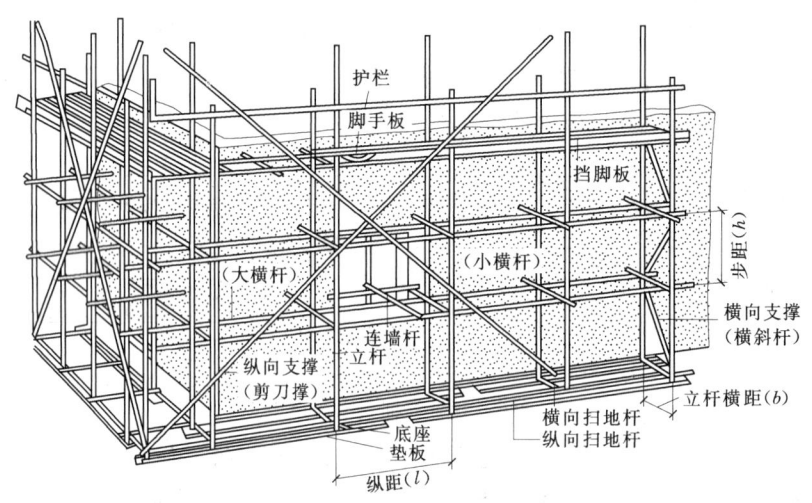

图1-16 扣件式钢管脚手架组成

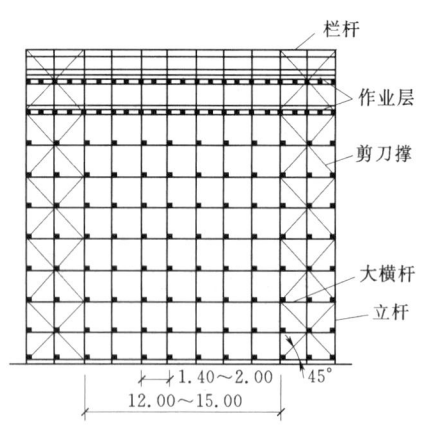

图1-17 扣件式钢管脚手架
立面图（单位：m）

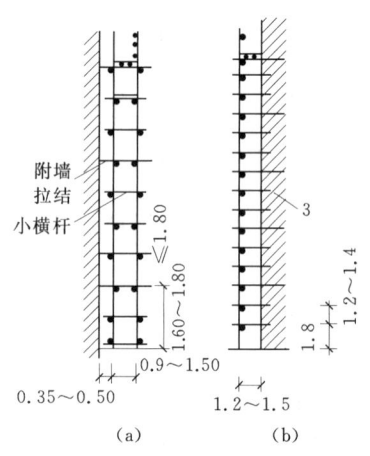

图1-18 扣件式钢管脚手架剖面图（单位：m）
（a）双排架；（b）单排架

项目 4　模板施工前的准备工作

模板施工前的准备工作是一项不可缺少的技术性工作，不仅直接关系到模板和其他工程的施工质量，而且关系到模板安装的顺利和牢固程度，甚至关系到施工人员的人身安全。因此，在模板工程正式施工前，必须按照设计要求做好一切准备工作。根据工程实践经验，模板施工前的准备工作主要包括以下方面：

（1）在模板正式安装之前，首先应该根据设计图纸对照检查所制作的模板是否符合要求，如果不符合要求应进行改正。检查模板时，着重应当检查模板的形状、尺寸、刚度、强度、数量等方面。

（2）进行模板安装中心线和位置线的放线时，首先用经纬仪将建筑物的轴线和边线定位，经反复校核无误后，方可进行模板的放线。在进行模板放线时，应先清理好施工现场，然后根据施工图用墨线弹出模板的内边线和中心线，墙模板要弹出模板的内、外边线，以便于模板安装和校正。

（3）做好建筑物标高的测量工作，这是模板安装过程中非常重要的技术数据，即用水准仪把建筑物的水平标高引测到模板安装位置，以此作为安装模板的依据。

（4）进行模板安装的找平工作，这是保证模板安装顺利和准确的基础。模板的底部应预先找平，以保证模板位置准确，并可防止模板底部漏浆。常用的找平方法是沿模板内边线用 1∶3 配比的水泥砂浆找平层。

（5）在模板正式安装前，设置模板安装定位的基准。很多工程采用钢筋定位，即根据构件断面尺寸切割一定长度的钢筋，点焊在主筋上（以勿烧伤主筋断面为准），以保证钢筋与模板位置的准确。

（6）模板进场后要堆放在适宜的地方，堆放场地应平整坚实、排水流畅，场地采用 2∶8 配比 15cm 厚的灰土，上铺一层石子夯实，2%的坡度向排水沟方向找坡，堆放区四周挖排水沟。

（7）模板卸车后重叠码放高度不超过 10 块，相邻码放区之间要留出通道，便于模板配件的安装，底层模板离地面 10cm。

（8）配件安装后，模板吊离码放区，对于安装支撑的模板，可将模板吊至使用部位附近堆放，开始清理板面及刷脱模剂，井筒及窄井等位置的模板，无法安装支撑，现场搭设钢管架，竖向插在钢管架内。

（9）模板堆放采取两块板面相对方式，也可采取临时拉结措施，以防模板倾倒，模板应用方木垫高，后支腿地角绳栓按要求调整平整且稳固。

（10）按模板数量表，清点运到现场的模板，穿墙螺栓、各种连接螺栓要入库保存，以防生锈，斜支撑的调节丝杠、穿墙螺栓要涂抹润滑油。

（11）存放大模板应随时将自稳角调好，使自稳角度成 70°～80°，下部座垫通长木方，面对面放置，防止倾倒；大模板存放必须将地脚螺栓提上来，长期存放的模板，应用拉杆连接绑牢。没有腿及单腿的大模板，必须存放在专用的模板插放架内，不得靠在其他模板或构件上。

(12) 当模板工程构造比较复杂，或高层建筑采用大模板及滑动模板时，施工前应进行施工组织设计，对模板工程施工方案进行专项设计。

(13) 在模板工程正式施工前，应进行人员统筹安排和全面技术交底。现场设专职人员、专业施工班组负责对于模板的施工，要求熟悉模板平面图及模板设计方案，熟悉大模板的施工安全规定。

(14) 在模板开始安装前，要按照模板设计图纸和数量表，清点运到现场的模板、穿墙螺栓、各种连接螺栓和一切配件，并要入库保存。

(15) 在模板的安装过程中如果需要吊装机械，应对吊装机械进行全面检查。主要检查吊装机械的型号、起重量、起重高度和台数是否符合要求，同时还要检查吊装机械运转是否正常，以便及早进行调整和维修。

(16) 模板安装和拆除属于高空作业，所以对高空作业需要配置的安全设施一定要安全，经检查确定是否合格。

(17) 安装墙体外侧模板时，必须按设计交底要求搭好外防护架，及时安装好防护栏和安全网，安全网必须牢靠、封严。

(18) 大模板合模或拆除时，指挥拆除和挂钩的人员必须站在安全可靠的地方，方可操作。

(19) 墙模板在未装对拉螺栓前，板面要向后倾斜一定角度并撑牢，以防倾倒，安装过程中要随时拆换支撑或增加支撑，以保持墙模处于稳定状态，模板未支撑稳固前不得松开卡环。

(20) 清扫模板和刷隔离剂时，必须将模板支撑牢固，两板中间不少于600mm的走道。

(21) 安装墙体外侧模板时，必须按交底搭好外防护架，及时绑好护身栏和安全网，安全网必须封严，安装外防护架和外模的操作人员必须系好安全带。

(22) 施工人员不允许在大模板堆放区停留休息。

(23) 无腿模板必须入插口架，不得依靠在其他模板或物件上。

(24) 各种类型的大模板应按设计要求制造和组装进场，使用前要认真检查和验收；每块大模板必须具备完好稳固的操作平台，有护身栏杆，设人员上下爬梯及小型工具箱。

(25) 独腿大模板存放时必须加设斜支撑，筒模存放时必须平稳。

(26) 小钢模存放时应按规格分类码放整齐，高度不超过1.5m，正面向上，吊运时必须用逮子绳锁牢，小块模板必须用容器吊运。

学习情境二 建筑工程图的识读

建筑工程图纸是用于表示建筑物的内部布置情况,外部形状,以及装修、构造、施工要求等内容的有关图纸。建筑工程图纸分为建筑施工图、结构施工图、设备施工图。它是审批建筑工程项目的依据;在生产施工中,它是备料和施工的依据;当工程竣工时,要按照工程图的设计要求进行质量检查和验收,并以此评价工程质量优劣;建筑工程图还是编制工程概算、预算和决算及审核工程造价的依据;建筑工程图是具有法律效力的技术文件。

建筑工程图是工程建设中的重要技术交流手段,是表达建筑工程设计意图的基本方式,也是建筑工程施工和质量验收的重要依据。为使工程技术人员或建筑技术工人都能看懂建筑工程图,或者用图纸来交流技术思想,必须用一个统一的标准来制图和识图。

项目1 建筑制图标准

建筑工程施工图是使用正投影的方法,把所设计的建筑物的大小,外部形状,内部布置,室内外装修及各结构、构造、设备等的具体做法,按照《房屋建筑制图统一标准》(GB/T 50001—2010)和《建筑制图标准》(GB/T 50104—2010)中的规定,用建筑专业的习惯画法详尽、准确地表达出来,并标注尺寸和文字说明。

在建筑工程的设计和施工过程中,为建筑工程图制图统一、简单清晰,提高制图效率,满足设计、施工、验收和存档等要求,以适应工程建设的需要,国家制定了全国统一的建筑工程制图标准,其中GB/T 50001—2010是建筑工程制图的基本规定,是各专业制图的通用部分。此外,还有总图、建筑、结构、给排水和采暖等专业的制图标准。在应用GB/T 50001—2010的同时,还必须与专业制图标准配合使用。

一、建筑工程图纸的分类

建筑工程图纸分为建筑施工图、结构施工图、设备施工图。

(1) 建筑施工图包括建筑总平面图、建筑平面图、建筑立面图、建筑剖面图和建筑详图。

(2) 结构施工图包括基础平面图,基础剖面图,屋盖结构布置图,楼层结构布置图,柱、梁、板配筋图,楼梯图,结构构件图或表,以及必要的详图。

(3) 设备施工图包括采暖施工图、电气施工图、通风施工图和给排水施工图。

根据建筑工程性质的不同,工程图纸也可以分为不同的类型。采用平面图表达立体外形和尺寸时,一般都采用三视图的方法,即正视图、侧视图和俯视图。按照三视图的原理,建筑工程图纸分为建筑平面图、建筑立面图和建筑剖面图,另外还包括建筑详图和结构施工图。

建筑工程平面图分为两大类:一类为总平面图,另一类为表达一项具体工程的平面图。

二、建筑工程图纸的幅面标准

建筑工程图纸的幅面,在规范 GB/T 50001—2010 中有明确的规定。

(一) 图纸幅面

(1) 建筑工程图纸幅面的基本尺寸有五种,其代号分别为 A0、A1、A2、A3、A4。各号图纸的幅面尺寸、图框形式和图框尺寸都有明确的规定,具体规定见表 2-1~表2-4。

表 2-1　　　　　　　　　　建筑工程图幅尺寸和图框尺寸

尺寸代号	幅面代号				
	A0	A1	A2	A3	A4
$b\times l$	840×1189	594×841	420×594	297×420	210×297
图幅面积/m^2	1.000	0.5000	0.250	0.125	0.623
c	10			5	
a	25				

注　表中 b 为幅面短边尺寸;l 为幅面长边尺寸;c 为图框线与幅面线间的宽度;a 为图框线与装订边间的宽度。

(2) 需要微缩复制的图纸,其一个边上应附有一段准确米制尺度,四个边上均附有对中标志,米制尺寸的总长度应为10mm,对中标志应画在图纸内框各边长的中点处,线宽为0.35mm,并伸入内框边,在框外为5mm。对中标志的线段,于 l 和 b 范围内取中。

(3) 图纸中的短边尺寸不应加长,A0~A3 幅面长边尺寸可加长,但应符合表 2-2 中的规定。

表 2-2　　　　　　　　图纸长边加长尺寸　　　　　　　　单位:mm

幅面代号	长边尺寸	长边加长后的尺寸
A0	1189	1486(A0+1/4l)、1635(A0+3/8l)、1783(A0+1/2l)、1932(A0+5/8l)、2080(A0+3/4l)、2230(A0+7/8l)、2378(A0+l)
A1	841	1051(A1+1/4l)、1261(A1+1/2l)、1471(A1+3/4l)、1682(A1+l)、1892(A1+5/4l)、2102(A1+3/2l)
A2	594	743(A2+1/4l)、891(A2+1/2l)、1041(A2+3/4l)、1189(A2+1.0l)、1338(A2+5/4l)、1486(A2+3/2l)、1635(A2+7/4l)、1783(A2+2.0l)、1932(A2+9/4l)、2080(A2+5/2l)
A3	420	630(A3+1/2l)、841(A3+1.0l)、1051(A3+3/2l)、1261(A3+2l)、1471(A3+5/2l)、1682(A3+3l)、1892(A3+7/2l)

(4) 图纸以短边作为垂直边应为横式,以短边作为水平边应为立式。A0~A3 图纸宜横式使用;在有必要时,也可立式使用。

(5) 在一个工程设计中,每个专业所使用的图纸,不宜多于两种幅面,不含目录及表格所采用的 A4 幅面。

（二）标题栏

(1) 图纸中应有标题栏、图框线、幅面线、装订边线和对中标志。图纸的标题栏及装订边的位置，应符合下列规定：①横式使用的图纸，应按图2-1 (a) 和图2-1 (b) 的形式进行布置；②立式使用的图纸，应按图2-1 (c) 的形式进行布置。

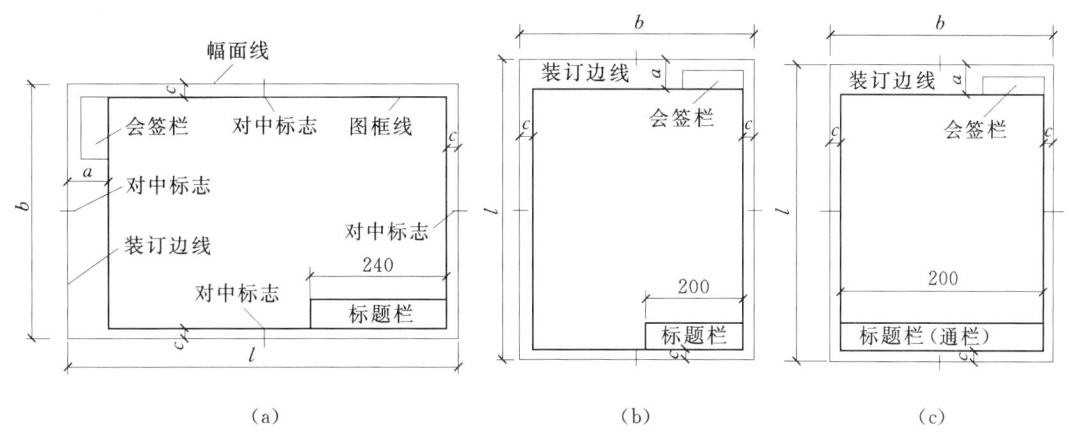

图2-1 图框的格式
(a) A0~A3横式幅图；(b) A0~A3立式幅图；(c) A4立式幅图

(2) 标题栏应符合规定，根据工程的需要选择确定其尺寸、格式及分区。签名栏应包括实名列和签名列，并应符合下列规定：①涉外工程的标题栏内，各项主要内容的中文下方应附有译文，设计单位的上方或左方，应加上"中华人民共和国"字样；②在计算机制图文件中，当使用电子签名与认证时，应符合国家有关电子签名法的规定。

（三）图纸编排顺序

(1) 工程图纸应按专业顺序进行编排，一般应为图纸目录、总图、建筑图、结构图、给水排水图、暖通空调图、电气图等。

(2) 各专业的图纸，应按图纸内容的主次关系、逻辑关系进行分类排序。

三、建筑工程图纸的图线标准

在绘制建筑工程图样时，为了表示图中不同的内容，使图中线条主次分明，必须采用不同的线型、线宽表示。

(1) 在绘制图纸时图线的宽度 b，宜从 1.4mm、1.0mm、0.7mm、0.5mm、0.35mm、0.25mm、0.18mm、0.13mm 线宽系列中选取。图线的宽度不应小于 0.1mm。每个图样，应根据复杂程度与比例大小，先选定基本线宽 b，再选用表2-3中相应的线宽组。

(2) 建筑工程图中的线型有实线、虚线、点划线、双点划线、折断线和波浪线等，其中有些线型还分为粗、中粗、中、细四种，各种线型的规格及其一般用途见表2-4。

(3) 同一张图纸内，相同比例的各图样，应选用相同的线宽组。

(4) 图纸的图框和标题栏线可采用表2-5中的线宽。

表2-3　　　　　　　　　　　　　线　宽　组　　　　　　　　　　　　单位：mm

线宽比	线　宽　组			
b	1.40	1.00	0.70	0.50
$0.70b$	1.00	0.70	0.50	0.35
$0.50b$	0.70	0.50	0.35	0.25
$0.25b$	0.35	0.25	0.18	0.13

表2-4　　　　　　　　　　　　各种线型及用途

名称		线型	线宽	一　般　用　途
实线	粗	———	b	(1) 建筑立面图的外轮廓线及平、剖面图中被剖切的主要建筑构造（包括构配件）的轮廓线。 (2) 建筑构造详图中的外轮廓线及被剖切的主要部分的轮廓线。 (3) 断面图的剖切符号。 (4) 图框、标题栏等的外框线。 (5) 总图中的新建筑物外轮廓线。 (6) 配筋图中的钢筋
	中	———	$0.5b$	(1) 剖面图中被剖切的次要建筑构造、构配件的外轮廓线。 (2) 建筑平、立、剖面图中建筑构件的轮廓线。 (3) 建筑构造详图及建筑构配件详图中一般轮廓线。 (4) 尺寸起止符号
	细	———	$0.25b$	(1) 小于$0.5b$的图形线、尺寸线、尺寸界线、图例线索引符号、标高符号、指北针的圆周线、详图材料做法引出线、断开界线、表格中的分格线等。 (2) 总图中的原有建筑物、构造物
虚线	粗	- - - - -	b	见相关专业制图标准
	中	- - - - -	$0.5b$	(1) 建筑构造详图及建筑构配件不可见的轮廓线。 (2) 平面图中的起重机（吊车）轮廓线。 (3) 拟扩建的建筑物轮廓线
	细	- - - - -	$0.25b$	图例线、小于$0.5b$的不可见轮廓线
单点长划线	粗	—·—·—	b	起重机（吊车）轨道线结构图中的垂直支撑和柱间支撑
	中	—·—·—	$0.5b$	见相关专业制图标准
	细	—·—·—	$0.25b$	中心线对称线、定位轴线对称线等
双点长划线	粗	—··—··—	b	见过专业制图标准
	中	—··—··—	$0.5b$	见过专业制图标准
	细	—··—··—	$0.25b$	假想轮廓线，成型前原始轮廓线
折断线		⌇	$0.25b$	不需画全的断开界线
波浪线		～～～	$0.25b$	不需要全的断开界线构造层次的断开界线

表 2-5　　　　　　　　　　　图框线、标题栏线的宽度　　　　　　　　　　单位：mm

幅面代号	图框线	标题栏外框线	标题栏分格线
A0、A1	b	0.50b	0.25b
A2、A3、A4	b	0.70b	0.35b

（5）相互平行的图例线，其净间隙或线中间隙不宜小于 0.2mm。

（6）虚线、单点长划线或双点长划线的线段长度和间隔，应各自相等。

（7）单点长划线或双点长划线，当在较小图形中绘制有困难时，也可用实线代替。

（8）单点长划线或双点长划线的两端，不应当是点。点划线与点划线交接点或点划线与其他图线交接时，应当是线段交接。

（9）虚线与虚线交接或虚线与其他图线交接时，应当是线段交接。虚线为实线的延长线时，不得与实线相接。

（10）图线不得与文字、数字或符号重叠、混淆，不可避免时，应首先保证文字的清晰。

四、建筑工程图纸的字体标准

建筑工程图中的字体，根据需要有汉字、拉丁字母、阿拉伯数字和罗马数字等，这些字体不仅要做到字体端正、笔画清楚、排列整齐、间隔均匀，而且书写要做到横平竖直、注意起落、结构均匀、填满方格。横平竖直，是要求横笔基本要平，可顺着运笔方向稍许向上倾斜 2°～5°；竖笔要直，是要求笔画要刚劲有力；注意起落，是要求横竖的起笔和收笔，撇、钩的起笔和弯折的转角等，都要顿一下笔，形成小三角和显出字肩；结构均匀，是要求笔画布局要均匀，字体基本对称，构架要中正疏朗、疏密有致，如图 2-7 所示；填满方格，是要求不管字的笔画多少和结构如何，所有的字要基本方正，不能大小差别较大。

（1）图中字体的大小应根据图样的大小、比例等具体情况确定。按字体的高度（mm）不同，其大小可分为 20、14、10、7、5、3.5 和 2.5 七种号数（汉字不采用 2.5 号）。长仿宋字体的高宽关系应符合表 2-6 中的规定，黑体字的宽度与高度应相同。大标题、图册封面、地形图等的汉字，也可书写成其他字体，但应当易于辨认。

表 2-6　　　　　　　　　　长仿宋字体的高宽关系　　　　　　　　　　单位：mm

字高	20	14	10	7	5	3.5
字宽	14	10	7	5	3.5	2.5

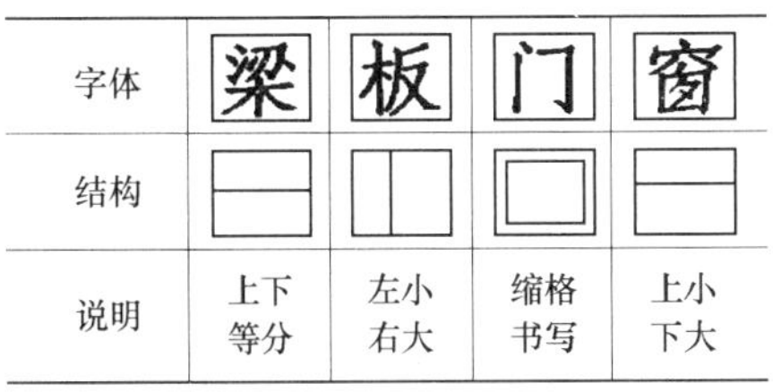

字体	梁	板	门	窗
结构	☐	☐	☐	☐
说明	上下等分	左小右大	缩格书写	上小下大

图 2-2　长仿宋体字的示例

（2）图纸中的汉字应采用国家公布实施的简化汉字，并宜写成长仿宋字。长仿宋字的示例如图 2-2 所示。

（3）图样及说明中的拉丁字母、阿拉伯数字与罗马数字，宜采用单线简体或 ROMAN 字体。拉丁字母、阿拉伯数字与罗马数字的书写规则，应符合表 2-7 中的规定。

表 2-7　　　　　　　拉丁字母、阿拉伯数字与罗马数字的书写规则

书写格式	字体	窄字体	书写格式	字体	窄字体
大写字母高度	h	h	笔画宽度	1/10h	1/14h
小写字母高度（上下均无延伸）	7/10h	10/14h	字母间距	2/10h	2/14h
小写字母伸出的头部或尾部	3/10h	4/14h	上下基准线的最小间距	15/10h	21/14h
			词间距	6/10h	6/14h

数字和字母有正体和斜体两种，建筑工程图纸中宜采用斜体字形，斜体字体的字头向右倾斜，与水平线约成75°。数字和字母的写法如图 2-3 所示。

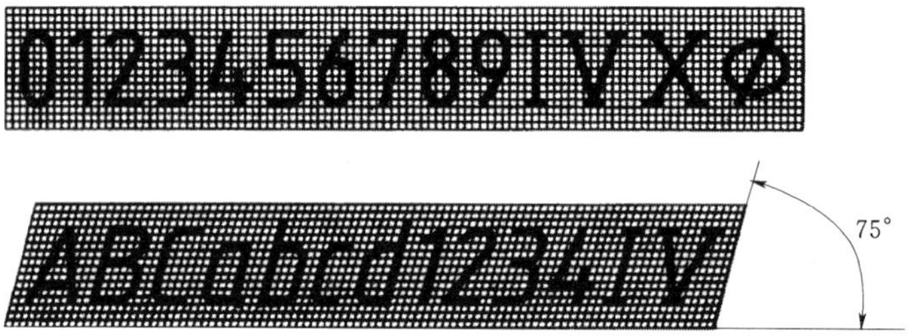

图 2-3　数字和字母的写法

五、建筑工程图纸的比例标准与图线

（一）比例

（1）图样中的图形与实物相对应的线性尺寸之比，称为图样的比例。这个比例是指线段之比，而不是面积之比。

（2）比例的符号应为"："，比例应以阿拉伯数字表示。

比例宜注写在图名的右侧。字的基准线应取平；比例的字高比图名的字小一号或二号，如图 2-4 所示。

图 2-4　比例示意图

（3）在工程图样中所使用的各种比例，应根据图样的用途与所绘制物体的复杂程度进行选择。绘图所用的比例有常用比例和可用比例，并应优先采用常用比例。工程图样的比例可分为缩小和放大两种，建筑工程图常用缩小比例，见表 2-8。

表 2-8　　　　　　　建筑工程图比例

图　名	常用比例	必要时可用比例
建筑总平面	1：500、1：1000、1：2000、1：5000	1：2500、1：10000
竖向布置、管线综合图、断面图等	1：100、1：200、1：500、1：1000、1：2000	1：300、1：5000
平面图、立面图、剖面图、结构布置图、设备布置图等	1：50、1：100、1：200	1：150、1：300、1：400

续表

图 名	常用比例	必要时可用比例
内容比较简单的平面图	1:200、1:400	1:500
详图	1:1、1:2、1:5、1:10、1:20、1:25、1:50	1:3、1:15、1:30、1:40、1:60

（4）在一般情况下，一个图样应选用同一种比例。根据专业制图需要，同一图样可选用两种比例。

（5）在特殊情况下，也可自选比例，这时除了应注出绘图比例外，还应在适当位置绘制出相应的比例尺。

（二）图线

不同内容之间有所区别，为了层次分明，需要用不同的线型和粗度的图线来表示。一般来说，图中主要的线条用较粗的线，次要的线条用细线。图线的宽度见表2-9。

表2-9　　　　　　　　　　　　图线的宽度

图线名称	图 的 比 例			
	1:1、1:5、1:2、1:10	1:2、1:50	1:100	1:200
粗线	线宽 b/mm			
	1:4、1:0	0.7	0.5	0.35
中粗线	$0.5b$			
细线	$0.35b$			
加粗线	$1.4b$			

六、建筑工程图纸的尺寸标注

在建筑工程图上除了画出建筑物及其各部分的形状外，还必须准确、详尽、清晰地标出尺寸，作为施工和验收时的依据。建筑物的真实大小应以图样上标注的尺寸数值为准，与图形的大小及绘图的准确度无关。建筑工程图中所标注的尺寸单位为mm时，不需注明单位的代号或名称。其尺寸组成及基本规定见表2-10，尺寸的排列布置与半径、直径、角度、坡度标注见表2-11。

表2-10　　　　　　　　　　　　尺寸组成及基本规定

项目	图 形 示 例	说 明
尺寸组成	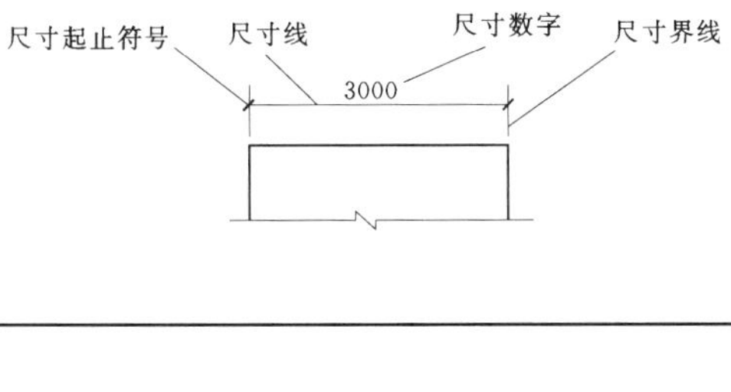 尺寸起止符号　尺寸线　尺寸数字　尺寸界线　3000	图样上的尺寸由尺寸界线、尺寸线、尺寸起止符号、尺寸数字四要素组成

续表

项目	图形示例	说明
尺寸界线	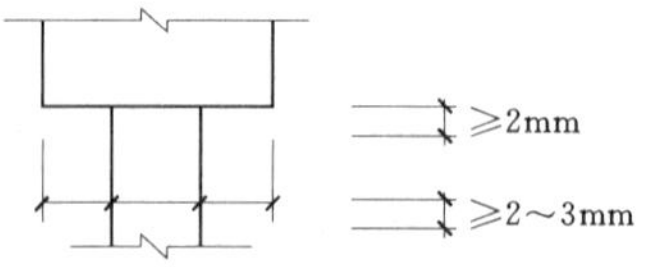	尺寸界线用细实线绘制，一般应与被注长度垂直，其一端应离开图样轮廓线不小于2mm，另一端宜超出尺寸线2～3mm。必要时，图样轮廓线可作为尺寸的界线
尺寸线	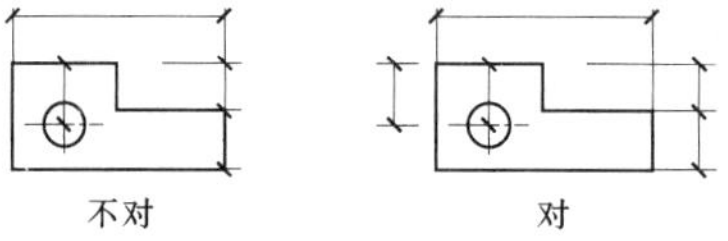	尺寸线用细实线绘制，应与被注长度平行，且不宜超出尺寸界线；任何图线均不得用作尺寸线
尺寸起止符号	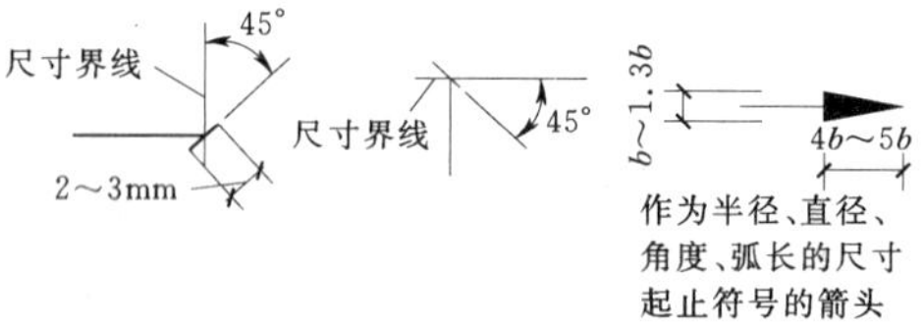	尺寸起止符号一般应用中粗斜短线绘制，其倾斜方向应与尺寸界线成顺时针45°角，长度为2～3mm
尺寸数字	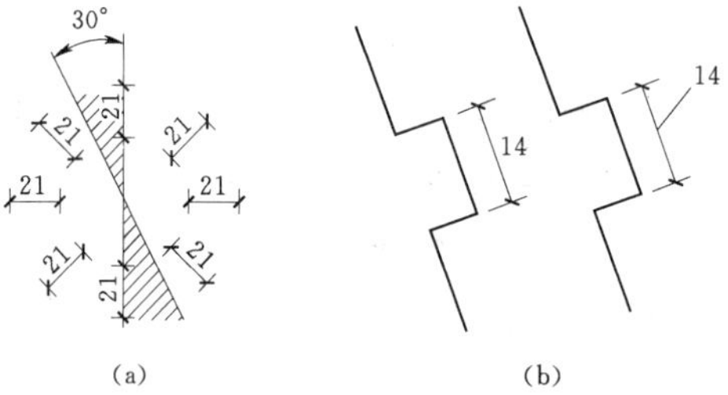	（1）图样上的尺寸，应以尺寸数字为准，不得从图中直接量取； （2）图样上的尺寸单位，除标高及总平面图以米（m）为单位外，均必须以毫米（mm）为单位； （3）尺寸数字的读数方向，应按图（a）的规定注写，若尺寸数字在30°斜线区内，宜按图（b）的形式注写； （4）图线不得穿过尺寸数字，不可避免时，应将尺寸数字处的图线断开
	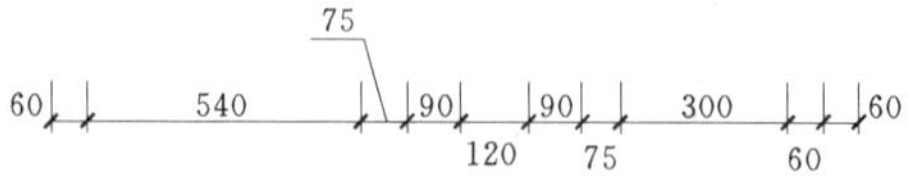	尺寸数字应根据其读数方向注写在靠近尺寸线的上方中部，如没有足够的注写位置，最外边的尺寸数字可注写在尺寸界线的外侧，中间相邻的尺寸数字可错开注写，也可引出来注写

表 2-11　　尺寸的排列布置与半径、直径、角度、坡度标注

项目	标注示例	说　明
尺寸的排列与布置	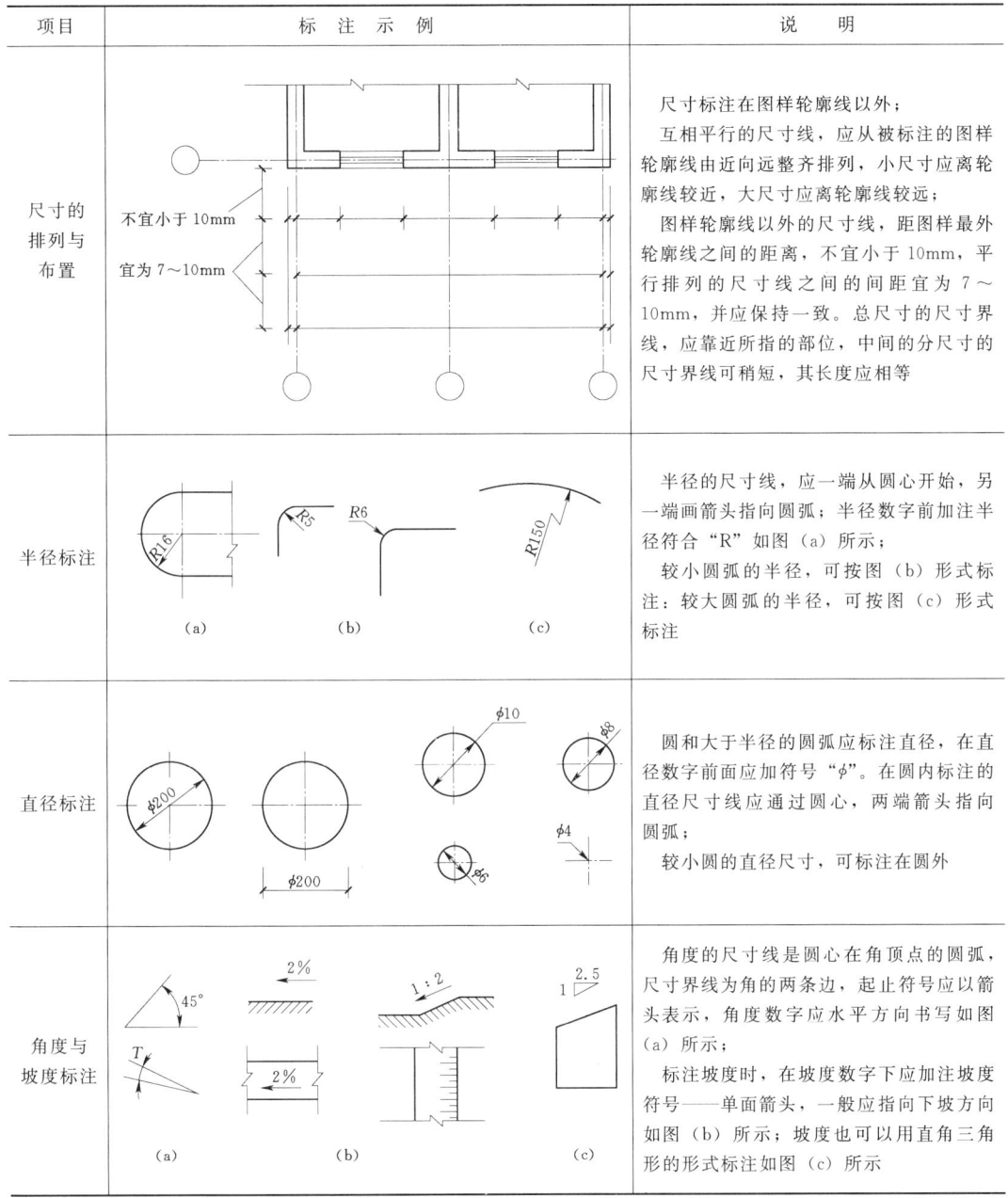	尺寸标注在图样轮廓线以外； 互相平行的尺寸线，应从被标注的图样轮廓线由近向远整齐排列，小尺寸应离轮廓线较近，大尺寸应离轮廓线较远； 图样轮廓线以外的尺寸线，距图样最外轮廓线之间的距离，不宜小于10mm，平行排列的尺寸线之间的间距宜为7～10mm，并应保持一致。总尺寸的尺寸界线，应靠近所指的部位，中间的分尺寸的尺寸界线可稍短，其长度应相等
半径标注		半径的尺寸线，应一端从圆心开始，另一端画箭头指向圆弧；半径数字前加注半径符合"R"如图（a）所示； 较小圆弧的半径，可按图（b）形式标注；较大圆弧的半径，可按图（c）形式标注
直径标注		圆和大于半径的圆弧应标注直径，在直径数字前面加注符号"ϕ"。在圆内标注的直径尺寸线应通过圆心，两端箭头指向圆弧； 较小圆的直径尺寸，可标注在圆外
角度与坡度标注		角度的尺寸线是圆心在角顶点的圆弧，尺寸界线为角的两条边，起止符号应以箭头表示，角度数字应水平方向书写如图（a）所示； 标注坡度时，在坡度数字下应加注坡度符号——单面箭头，一般应指向下坡方向如图（b）所示；坡度也可以用直角三角形的形式标注如图（c）所示

项目2　建筑工程图的分类

一、建筑施工图的分类

修建任何建筑物都需要经过设计与施工两个过程。建筑物的设计过程一般包括两个阶段，即初步设计阶段和施工图设计阶段，有的还需要增加技术设计阶段。

初步设计阶段即根据设计任务书,明确要求、收集资料、踏勘现场、调查研究。在这个阶段设计人员根据建设方提供的各项条件,制定出较为合理的方案,并用立面图、平面图和剖面图等草图把设计意图表达出来,以便与建设方作进一步研究和修改。施工图设计阶段是修改和完善初步设计,即在已审定的初步设计方案的基础上,进一步解决实用和技术问题,统一各工种之间的矛盾,在满足施工要求及协调各专业之间关系后最终完成设计,形成一套完整的、正确的、作为施工依据的图样,即建筑工程施工图。一套比较完整的建筑工程施工图,其内容和工种各有所不同,一般情况下主要包括施工首页图、建筑施工图、结构施工图、设备施工图等。

（一）施工首页图

施工首页图,简称为"首页",是全套建筑施工图的概括和必要补充,包括图纸目录、设计（施工）总说明和其他有关表格等。图纸目录包括全套图纸中每张图纸的名称、内容和图号等。设计（施工）总说明包括工程概况、建筑标准、载荷等级等。如果是地震区,还应有抗震要求及主要施工技术和材料要求。

（二）建筑施工图

建筑施工图,简称为"建施",是工程施工图中的主要组成部分。主要表示建筑物的内部布置情况、外部造型以及装修、构造和施工要求等。建筑施工图包括总平面图、平面图、立面图、剖面图和构造详图等。

（三）结构施工图

结构施工图,简称为"结施",是工程施工图中的不可缺少的组成部分。主要表示承重结构的布置情况、构件类型、大小及构造做法等。结构施工图包括结构设计说明、结构布置平面图和各构件的结构详图,如柱子、梁、楼板、楼梯、雨篷等。

（四）设备施工图

设备施工图,简称为"设施",主要表示为建筑配套的设备布置情况、设备类型及施工方法等。在房屋建筑工程中,设备施工图主要包括给水排水施工图、采暖通风施工图和电气照明施工图。

1. 给水排水施工图

给水排水施工图主要表示给排水管道的布置和走向、构件做法和加工安装要求,图纸包括管道布置平面图、管道系统轴线测量图和详图等。

2. 采暖通风施工图

采暖通风施工图主要表示采暖通风管道的布置和构造安装要求,图纸包括平面图、系统图、安装详图等。

3. 电气照明施工图

电气照明施工图主要表示电气线路走向及安装要求,图纸包括平面图、系统图、接线原理图以及安装详图等。

二、建筑施工图的识图方法

首先要了解建筑施工的制图方法及有关的标准,看图时应按一定的顺序进行。建筑施工图的图纸一般较多,应该先看整体,再看局部;先看宏观,再看微观。具体步骤如下。

1. 初步识读建筑整体概况

(1) 看工程的名称、设计总说明：了解建筑物的大小、工程造价、建筑物的类型。

(2) 看总平面图：看总平面图可以知道拟建建筑物的具体位置，以及与四周的关系。具体的有周围的地形、道路、绿地率、建筑密度、日照间距或退缩间距等。

(3) 看立面图：初步了解建筑物的高度、层数及外装饰等。

(4) 看平面图：初步了解各层的平面布置、房间布置等。

(5) 看剖面图：初步了解建筑物各层的层高、室内外高差等。

2. 进一步识读建筑图详细情况

(1) 识读底层平面图：可以知道轴线之间的尺寸、房间墙壁尺寸、门窗的位置等，知道各空间的功能，如房间的用途、楼梯间、电梯间、走道、门厅入口等。

(2) 识读标准层平面图：可以看出本层和上下层之间是否有变化，具体内容和底层平面图相似。

(3) 识读屋顶平面图：可以看出屋顶的做法，如屋顶的保温材料、防火做法等。

(4) 识读剖面图：首先要知道剖切位置，一般是房间布局比较复杂的地方，如门厅、楼梯等，可以看出各层的层高、总高、室内外高差以及了解空间关系。

(5) 识读立面图：可以了解建筑的外形、外墙装饰（如所用材料、色彩）、门窗、阳台、台阶、檐口等形状；了解建筑物的总高度和各部位的标高。

3. 深入掌握具体做法

经过对施工图的识读以后，还需对建筑图上的具体做法进行深入掌握，如卫生间详细分隔做法、装修做法、门厅的详细装修、细部构造等。

项目3 建筑总平面图的识读

将拟建工程四周一定范围内的新建、拟建、原有和拆除的建筑物、构筑物及其周围的地形地物状况，用水平投影方法和相应的图例所画出的图样，称为建筑总平面图或建筑总平面布置图。

在建筑总平面图中能反映出上述建筑的平面形状、所在位置、建筑朝向、与周围环境关系，是新建建筑物施工定位、施工放线、土方施工、场地平整、平面布置和施工总平面设计的重要依据。

总平面图的识读是进行施工总平面设计的一项重要工作，是建筑工程施工准备中不可缺少的工作。现以图2-5所示的某小区建筑平面图为例，说明建筑总平面图识读的步骤。

一、看图样的图名、比例、图例和南关文字说明

总平面图所包括的范围要比实际范围大，在绘制时都选用较小的比例，如1∶2000、1∶1000、1∶500等。总平面图上所标注的坐标、标高和距离等尺寸，一律以m为单位，并应精确至小数点后两位，不足时以"0"补齐。对于图中使用的众多图例符号，"国标"中所规定的常用图例，必须熟悉它们的意义。在较复杂的总平面图中，如果用到"国标"没有规定的图例，必须在图中另加说明，如图2-5所示。

二、了解工程性质、用地范围和地形地物等情况

图 2-5 中的粗实线表示拟建房屋，是某小区两幢相同的住宅楼，位于小区的最东部。从图中等高线所标注的数值可以看出，这个小区的地势是自西北向东南倾斜。

三、确定拟建建筑物的图中标高数值和地形高低

从图 2-5 中可知：原地面最低处的高程为 45.00，最高处的高程为 47.00，楼地面（首层）的高程为 46.20。由于小区的地势是自西北向东南倾斜，便可得知该施工区域的地势高低、雨水排泄的方向，根据等高线可估算出填挖土方的数量。在图 2-5 中所标注的标高数值，均为绝对标高。所谓绝对标高是指以我国青岛市外的黄海海平面作为零点而测定的高度尺寸。

房屋首层室内地面的标高是根据拟建房屋所在位置的前后等高线的标高，并估算到填、挖土方基本平衡而决定的。如果在图上没有标注等高线，可根据原有房屋或道路的标高来确定。在标注时，要注意室内外地坪标高的符号应不同。

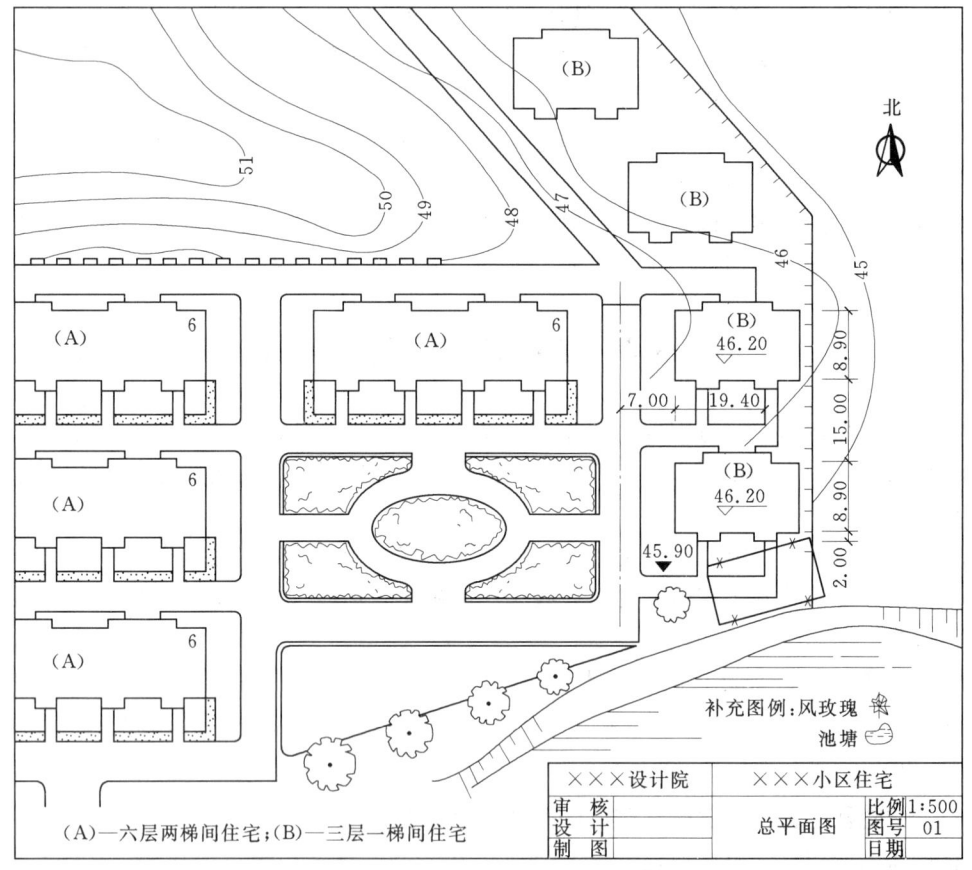

图 2-5 某小区建筑平面图

四、明确拟建建筑物的平面位置和定位建筑朝向

在建筑总平面图上一般画有指北针或风向频率玫瑰图，以便指明该地区的常年风向频

率和建筑物的朝向。指北针的形状如图2-6所示,其圆的直径为24mm,用细实线进行绘制,指针的尾部宽度为3mm。当需要用较大直径绘制指北针时,指针的尾部宽度为圆直径的1/8,并将指针涂成黑色,针尖指向北方,并注上"北"或"N"字。

风向频率玫瑰图,即风玫瑰图,它是总平面图所在城市的全年(用粗实线表示)及夏季(用细虚线表示)风向频率玫瑰图,是根据该地区多年平均统计的各个方向吹风次数的百分数值,并按一定比例绘制的,一般用12个(或16个)罗盘方位表示。图中以长短不同的细实线表示该地区常年的风向频率,用折线连接12个(或16个)端点。图中所示该地区全年最大的风向频率为北风。

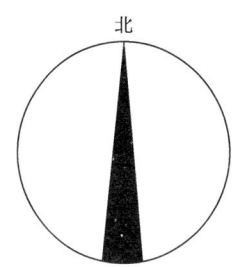

图2-6 指北针

房屋建筑的位置可以用定位尺寸或坐标确定,定位尺寸应标注出与原建筑物或道路中心线的联系尺寸。用坐标确定位置时,宜注出房屋三个角的坐标。如房屋与坐标轴平行时,可只注出其对角的坐标。

五、了解拟建建筑物周围环境和其他方面的情况

图中新建筑的南面有一个池塘,池塘的西面和北面有一个护坡,建筑物的东西有一围墙,西面是一条道路,东南角有一座待拆的房屋,周围还有写上名称的原有和拟建房屋、道路等。另外,还需了解外界交通、场内施工管线、建筑完成美化要求等情况。

项目4 建筑平面图的识读

用一个假想的水平剖切面沿略高于窗台的位置剖切房间,移去上面的部分,将剩余部分向水平面作正投影,所得到的水平剖面图,称为建筑平面图,简称为平面图。

一、建筑平面图作用与组成

(一)建筑平面图的作用

建筑平面图反映新建建筑的平面形状,房间的位置、大小、相互关系,墙体的位置、厚度、材料,柱子的截面形状与尺寸大小,门窗位置及类型等情况。它不仅是施工时放线、砌墙、安装门窗、室内外装修及编制预算的重要依据,而且是建筑工程施工的重要图样。

(二)建筑平面图的组成

建筑平面图实际上是房屋各层的水平剖面图,在一般情况下,拟建房屋有几层,就应画出几个平面图,并在图的下方注明相应的图名,如首层平面图、二层平面图等。如果中间各层构造和布置都一样时,可用一个平面图表示,称为标准层平面图。多层建筑的平面图,一般是由底层平面图、标准层平面图、顶层平面图和屋顶平面图组成。

二、建筑平面图的图例符号

建筑平面图是用例符号进行表示的,因此应熟悉常用的图例符号。表2-12中为建筑工程中常见构造及配件的图例。

表 2-12　　　　　　　　建筑工程中常见构造及配件图例

名称	图例	说明	名称	图例	说明
墙体	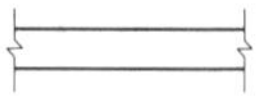	应加注文字或填充图例表示墙体材料，在项目设计图纸说明中列出材料图例表加以说明	孔洞		
			坑槽		
隔断		（1）包括板条抹灰、木制、石膏板及金属材料等隔断； （2）适用于到顶与不到顶的隔断	墙预留洞	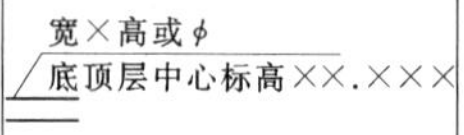 宽×高或φ 底顶层中心标高××.×××	
			梁式悬挂起重机	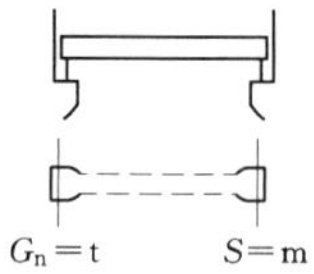 $G_n=t$　$S=m$	（1）上图表示立面（或剖面）； （2）下图表示平面； （3）起重机的图例应按比例绘制有无操纵室、可按实际情况绘制； （4）需要时，可注明起重机的名称行驶的轴线范围及工作级别； （5）G_n为起重机起重量，以t计算；S为起重机的跨度或臂长，以m计算
栏杆			梁式起重机	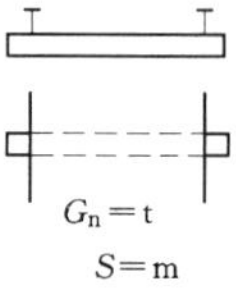 $G_n=t$　$S=m$	
楼梯		上图为底层楼梯平面，中图为中间层楼梯平面，下图为顶层楼梯平面。楼梯及栏杆扶手的形式和梯段踏步数应按实际情况绘制	桥式起重机	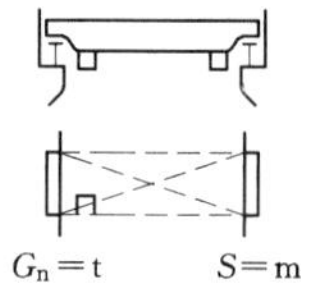 $G_n=t$　$S=m$	
坡道		上图为长坡道，下图为门口坡道	电梯	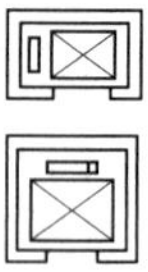	（1）电梯应注明类型，并绘出门和平行锤的实际位置； （2）观景电梯等特殊电梯，应参照本图例按实际绘制
			自动扶梯	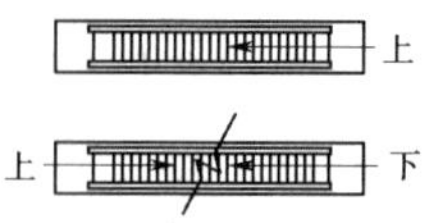	
检查孔		左图为可见检查孔，右图为不可见检查孔	平面高差	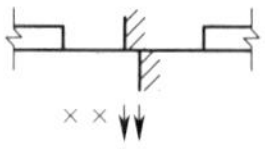	适用于高差小于100mm的两个地面或楼面相接处

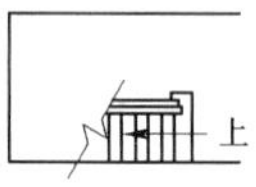

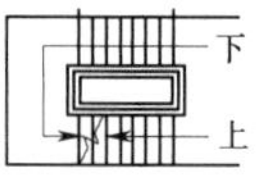

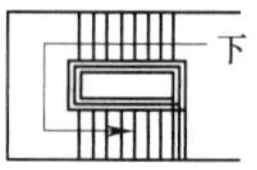

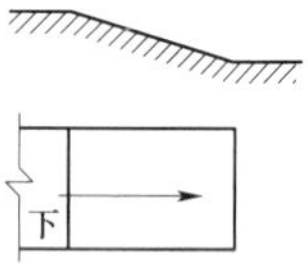

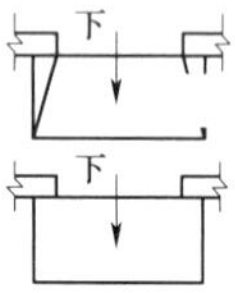

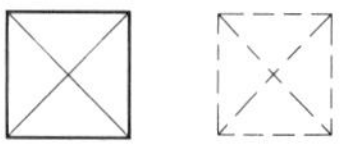

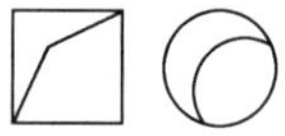

续表

名称	图例	说明	名称	图例	说明
空门洞	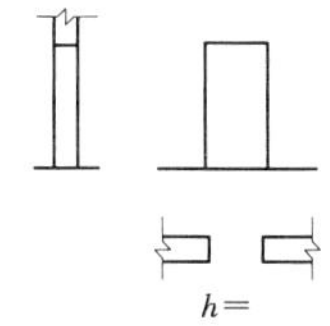	h为门洞高度	单层固定窗	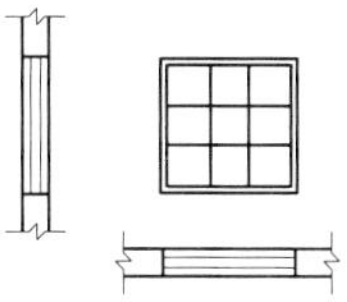	
单扇门（包括平开或单面弹簧）	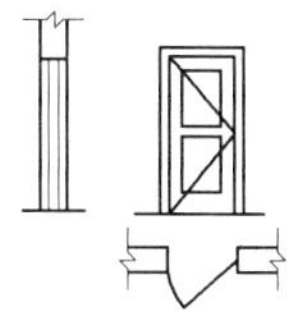		单层内开上悬窗	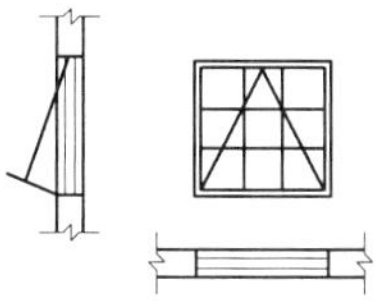	
双扇门（包括平开或单面弹簧）		（1）门的名称代号用M表示； （2）剖面图中的左为外，右为内，平面图中的下为外，上为内； （3）立面图上的开启方向线交角的一侧为安装合页的一侧，实线为外开，虚线为内开； （4）平面图上的门线应为90°或45°开启，开启弧线宜绘出； （5）立面图上的开启线在一般设计图中可不表示，在详图及室内设计图上应表示； （6）立面形式应按实际情况绘制	单层中悬窗	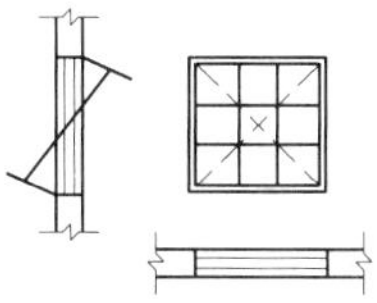	（1）窗的名称代号用C表示； （2）立面图中的斜线表示窗的开关方向，实线为外开，虚线为内开；开启方向线交角的一侧为安装合页的一侧，一般设计图中可不表示； （3）剖面图上左为外，右为内，平面图上下为外，上为内； （4）平面图和剖面图上的虚线仅说明开关方式，在设计图中不需要表示； （5）窗的立面形式应按实际情况绘制； （6）小比例绘图时，平面图和剖面图的窗线可用单粗实线表示
单扇双面弹簧门	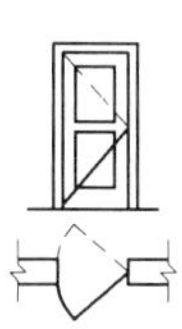		立转窗	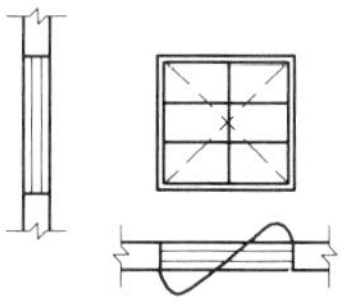	
双扇双面弹簧门	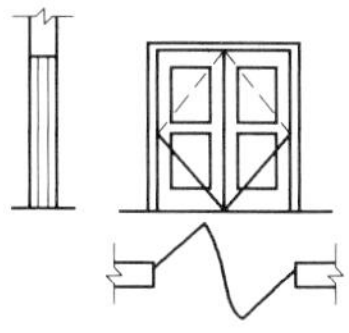		单层外开平开窗	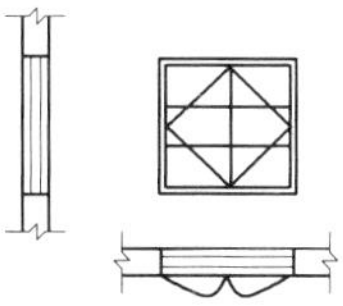	
转门	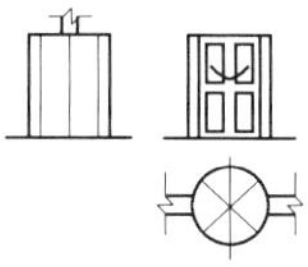		单层内开平开窗	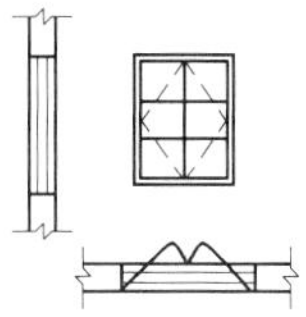	
竖向卷帘门	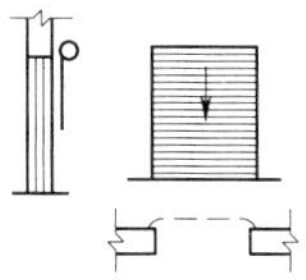	（1）门的名称代号用M表示； （2）剖面图中的左为外，右为内，平面图中的下为外，上为内； （3）立面形式应按实际情况绘制	推拉窗	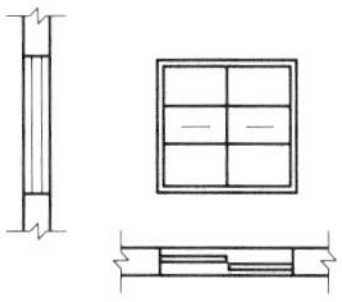	
推拉门	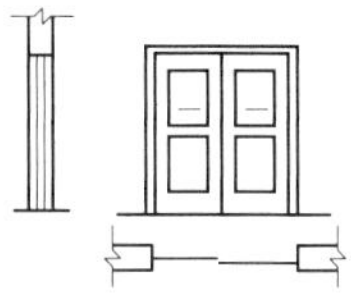		高窗	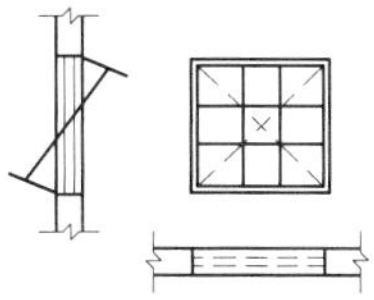	

三、建筑平面图的识读步骤

为便于建筑平面图的识读,现以图 2-7 所示的某房屋的标准层平面图为例,说明建筑平面图的识读方法和步骤。

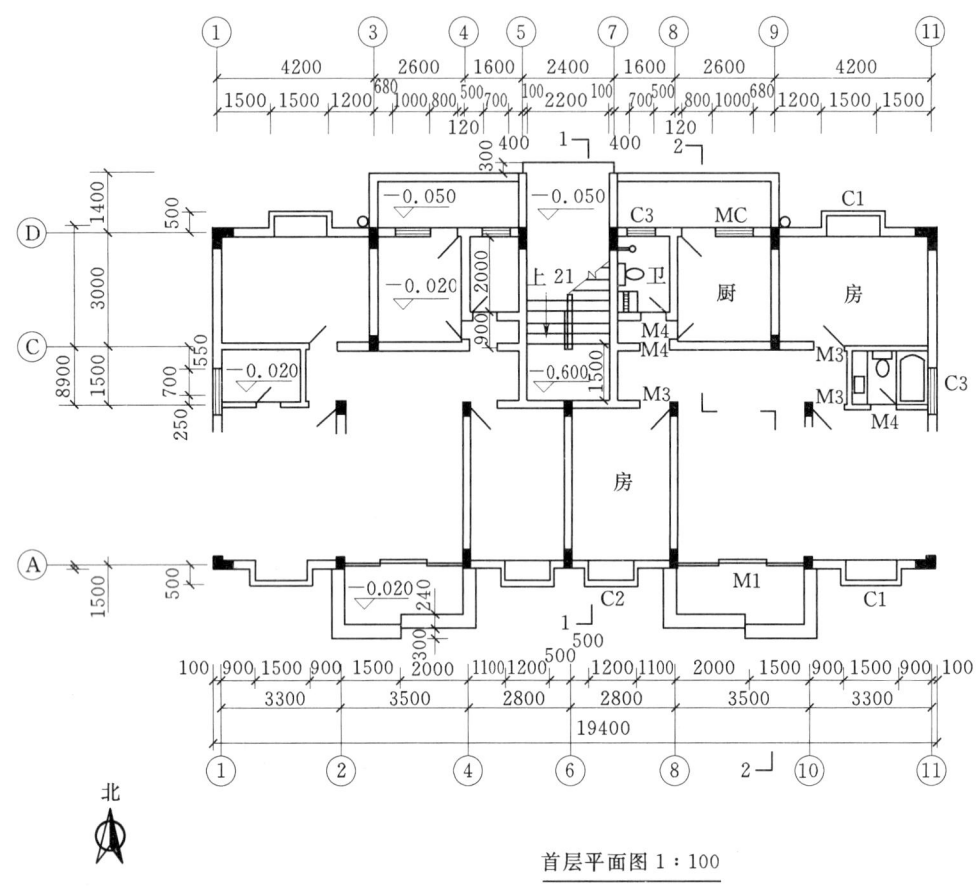

图 2-7 建筑平面图

(一)建筑平面图识读的内容

(1)从图名可以了解该图是属于哪一层的平面图,以及该图的比例是多少。本例绘制的是首层平面图,其比例是 1:100。

(2)在首层平面图的左下角,画有一个指北针符号,记明该房屋的朝向。从图中可知,该工程的朝向是坐北朝南。

(3)从平面图上所标注的总长度和总宽度尺寸,可以计算出该建筑的用地面积。

(4)从图中墙的分隔情况和房间的名称,可以了解到房屋内各房间的配置、用途、数量及其相互关系等情况。

(5)从图中定位轴线的编号及其间距,可以了解到各承重构件的位置及房间的大小。此房间是框架结构,图中轴线上涂黑的矩形部分是钢筋混凝土柱。

（6）图中注有外部尺寸和内部尺寸。从各尺寸的标注数值，可以了解到各房间的开间、进深、外墙与门窗及室内设备的大小和位置。

（二）建筑平面图外部尺寸识读

为了便于平面图的识读和施工，一般在图形的下方及左侧注明三道尺寸：第一道尺寸表示外轮廓的总尺寸，即指从一端外墙边到另一端外墙边的长和总宽尺寸；第二道尺寸表示轴线间的距离，用以说明房间的开间和进深的尺寸。本例房间的开间有2.80m、3.30m、3.50m和4.20m，南面房间的进深为4.20m，北面房间的进深为3.00m；第三道尺寸表示各细部的位置及大小，如门窗洞宽和位置、墙柱的大小和位置等。

在标注第三道尺寸时，应当与轴线联系起来，如①-②轴和⑩-⑪轴房间的窗C1，宽度为1.50m，窗边距离轴线为0.90m。另外，台阶（或坡道）、花池及散水等细部的尺寸，可以单独进行标注。

三道尺寸线之间应当留有适当距离（一般为7～10mm），以便标注尺寸数字。如果房屋前后或左右不对称时，则平面图上四边都应标注尺寸；如果有部分相同，另一些不同时，可只标注不同的部分；如果有些相同的尺寸太多，可省略不标注，但应在图形外用文字说明，如各墙体的厚度均为200mm。

（三）建筑平面图内部尺寸识读

为了说明房间的净空大小和室内的门窗洞、孔洞、墙厚和固定设施的大小与位置，以及室内楼地面的高度等，在平面图上应准确标注出有关的内部尺寸和楼地面高程。楼地面标高是表明各房间的楼地面对标高零点（注写为±0.000）的相对高度，标高符号与总平面图中的室内地坪相同。本例首层地面定为标高零点，而厨房和卫生间地面标高为－0.020，即表示该处地面比客厅和房间地面低20mm。

从图2-7中的门窗的图例及其编号，可以了解到门窗的类型、数量及其位置。"国标"所规定的常用门窗图例见表2-12。门的代号为M，窗的代号为C，在代号后面写上编号，如M1、M2等。同一编号表示是同一类型的门窗，它们的构造和尺寸是一样的。从所写的编号可知门窗共有多少种。

在一般情况下，在首页图纸或与平面图的同一页图纸上，附有门窗明细表，表中列出了门窗的编号、名称、尺寸、数量及其所选标准图集的编号等内容，至于门窗的具体做法，应当参见门窗的构造详图。

要特别注意的是，门窗虽然用图例进行表示，但门窗洞的大小及其形式都应按投影关系画出。如窗洞有凸出的窗台时，应在窗的图例上面画出窗台的投影，门窗立面的图例要按照实际情况绘制。图例中的高窗，是指在剖切平面以上的窗，按投影关系它是不应当画出的，但为了表示其位置，往往在与它同一层的平面图上用虚线表示。门窗立面图上的斜线及弧线，表示窗扇开关的方向（一般在设计图中不需表示），实线表示外开，虚线表示内开，在各门窗立面图例的下方为平面图，左边为剖面图。

其他细部（如楼梯、墙洞和各种承重设备等）的配置和位置情况，有关图例见表2-12，其余图例可参见表2-13。

表 2-13　　　　　　　　　　　建筑平面图中部分常用图例

名称	图例	名称	图例
底层	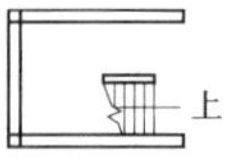	中间层	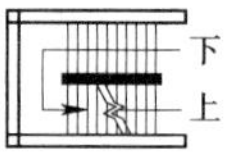
		顶层	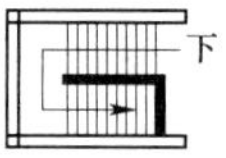
淋浴小间	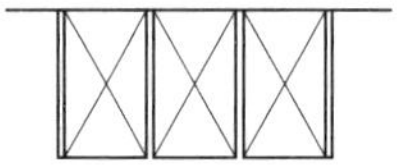	污水池	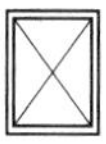
厕所间	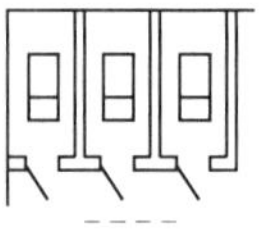	小便槽	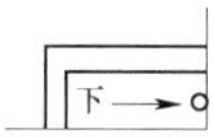
不可见洞	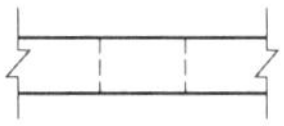	可见孔洞	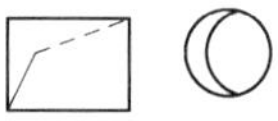
花格窗		烟道	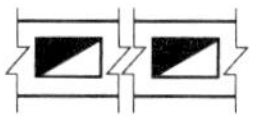

项目5　建筑立面图的识读

建筑立面图与建筑平面图一样，是建筑工程施工中不可缺少的图纸，是进行工程验收的重要依据和标准。

一、建筑立面图的定义与作用

以平行一房屋外墙面为投影面，用正投影的原理绘制出来的房屋投影图，称为建筑立面图，简称立面图。其中反映主要出入口或比较显著反映房屋外貌特征的立面图，称为建筑正立面图，其余的立面图相应地称为建筑背立面图和建筑侧立面图。通常也可按房屋的朝向命名，如正立面图、北立面图、东立面图和西立面图。

建筑立面图主要是反映房屋的体型和外貌、门窗的形式和位置、墙面的材料和装修做法等，是建筑施工和外墙装修的重要依据。

二、建筑立面图识读基本步骤

建筑立面图是建筑施工图中的重要图纸，它将立面上所有看得见的细部全部表示出来。为方便建筑立面图的识读，现以图 2-9 为例，说明建筑立面图识读的基本步骤。

（一）了解图名及比例

根据建筑立面图的组成，该工程的图名可按照朝向确定，也可根据两端的定位轴线编号命名，如①-⑩轴立面图或⑩-①轴立面图。由图 2-8 可知，该图是①-⑥轴立面图，其比例为 1∶100。

图 2-8 某房屋立面示意图

(二) 了解建筑的外貌

了解建筑的外貌特征是一项很重要的立面图识读工作，即与平面图对照深入了解屋面、门窗、雨篷、台阶等细部形状及位置关系。由图 2-9 可知，该楼房为三层平顶对称式立面构造，左端的轴线编号为⑪，右端的轴线编号为①，对照平面图可看出该图不仅表示是房屋的南向立面，而且是反映房屋主要出入口的正立面图。

(三) 了解尺寸与标高

从图 2-9 中可看出，在立面图的左侧注有标高，标注的数据表明：房屋室外地坪比室内地面低 0.300m，首层窗底高为 0.900m、窗顶高为 2.500m，第二层窗底高为 3.900m、窗顶高为 5.500m，第三层窗底高为 6.900m、窗顶高为 8.500m，檐口处的标高为 9.000m，楼顶的高程为 9.600m。

(四) 了解其他的情况

了解建筑的其他方面的情况，包含内容是很多方面。根据本例的实际情况，主要还应了解建筑物装修做法，如楼两侧外墙为浅红色马赛克贴面，楼中间外墙为浅蓝色马赛克贴面等。

在立面图上应将立面上所有看得见的细部全部表示出来，但由于立面图的比例比较小，如门窗扇、阳台栏杆等细部，往往只用图例表示，它们的构造和做法，都另有详图说明或文字说明。

在立面图中如果有一部分不平行于投影面，如圆弧形、折线形、曲线形等，可将这部分展开到与投影面平行，再用正投影法画出立面图，但应在图名后注写上"展开"两字。

项目 6 建筑剖面图的识读

一、建筑剖面图的定义与作用

假想一个或多个垂直于外墙轴线的铅垂剖切平面将建筑物剖开，所得到的正投影图称为建筑剖面图，简称为剖面图。

建筑剖面图主要用来表示房屋内部垂直方向的高度，楼层分层情况，简要的结构形式和各部位的联系、材料及高度等，在工程施工过程中，它与建筑平面图、建筑立面图相配合，是建筑工程施工不可缺少的重要图样之一。

二、建筑剖面图识读基本步骤

建筑剖面图的数量是根据房屋的具体情况和施工实际需要而决定的。剖面图一般为横向，即平行于侧面，必要时也可纵向，即平行于正面，其位置应在房屋内部构造比较复杂与典型的部位，并应通过门窗洞的位置。

建筑剖面图中的断面，其材料图例，粉刷层线和楼地面层线的表示原则与方法等，与平面图中的处理方法相同。

为方便建筑剖面图的识读，现以图 2-9 为例，说明建筑剖面图识读的方法和步骤。

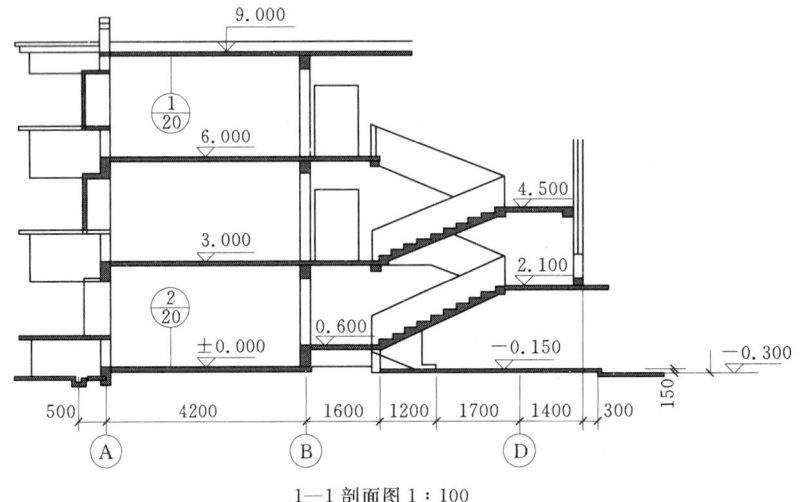

1—1 剖面图 1∶100

图 2-9 建筑剖面图

（1）图名和轴线编号与平面图上剖切的位置和轴线编号进行对照，可知图 2-9 中是一个通过楼梯间的剖切平面，剖切后向左进行正投影所得的横剖面图。

（2）从图中画出房屋地面至屋顶的结构形式内容，可知房屋的垂直方向承重构件（柱）和水平方向承重构件（梁和板）是用钢筋混凝土浇筑而成的，所以此建筑是属于框架结构的形式。从地面的材料图例可知为普通的混凝土地面，又根据地面和屋面的构造说明索引，可查阅它们各自的详细构造情况。

（3）图中标高都表示为与±0.000 的相对尺寸。如三层楼楼面标高是从首层地面算起为6.00m，而它与二层楼面的高差（层高）仍为3.00m。图中只标注了门窗的高度尺寸，楼梯部分因另有详图，详细尺寸可不在此注出。

（4）从图中标注的屋面坡度可知，该处为一单向排水屋面，其坡度为3%。其他倾斜的地方（如散水、排水沟、坡道等），也可用这种方式表示其坡度。如果坡度较大，可用1/4的形式表示，读作1∶4。直角三角形的斜边应与坡度平行，直角边上的数字表示坡度的高宽比。

学习情境三 胶合板模板及木模板

项目1 胶合板模板

从20世纪70年代以来,模板材料已"以钢代木",采用钢材和其他面板材料,其构造也向定型化、工具化方向发展。到20世纪90年代,由于对混凝土结构表面的质量要求进一步提高,提倡"清水混凝土"。近年来,胶合板以施工便捷、拼装方便、拆后浇筑面光滑、透气性好等特点,在模板工程中得到迅速的发展,尤其是近年发展了框木(竹)胶合板模板,以热轧异型钢为钢框架,以覆面胶合板做板面,并加焊若干钢筋肋承托面板的组合式模板。

胶合板模板及其支架系统一般在加工厂或现场木工棚制成元件,然后再在现场拼装。胶合板面板的单张板块大,不易变形,表面覆膜后增加了耐磨和重复使用次数。覆膜胶合板如图3-1所示。胶合板有木胶合板和竹胶合板两类,厚度有12mm、15mm、18mm等多种。但胶合板作为模板也带来重复使用次数不多,造成资源浪费等新的问题。我国于1981年在南京金陵饭店高层现浇平板结构施工中首次采用胶合板模板,胶合板模板的优越性第一次被认识,目前在全国各地大中城市的高层现浇混凝土结构施工中,胶合板模板已有相当的使用量。

图3-1 覆膜胶合板

一、胶合板模板的特点

胶合板模板作为混凝土模板有以下特点:

(1)模板板幅大、自重轻、板面平整。即可减少安装工作量,节省现场人工费用,又可减少装饰混凝土外漏表面和磨去接缝水纹的费用。

(2) 承载能力大，特别是模板表面经处理后耐磨性更好，能多次重复使用。

(3) 材质轻，厚18mm的木胶合板。单位面积质量为50kg，模板的运输、堆放、使用和管理等都较为方便。

(4) 保温性能好，能有效防止温度变化过快，冬季施工时有助于混凝土的保温。

(5) 锯截方便，易加工成各种形状的模板。

(6) 便于按工程的需要弯曲成型，制作成曲面模板。

(7) 用于清水混凝土模板，最为理想。

二、胶合板模板的分类

混凝土所用的胶合板模板有木胶合板和竹胶合板两类。

（一）木胶合板模板

混凝土模板常用的木胶合板属具有高耐气候、耐水性的Ⅰ类胶合板，胶粘剂为酚醛树脂胶粘剂（PF主要用于室外，主要用阿比东、柳桉、桦木、马尾松、云南松、落叶松等树种加工）。

1. 构造和规格

（1）构造。模板用的木胶合板通常由5、7、9层等奇数层单板经热压固化胶合成型。相邻层的纹理方向相互垂直，通常最外层表板的纹理方向和胶合板板面的长向平行。因此，整张胶合板的长向为强方向，短向为弱方向，使用时必须加以注意。木胶合板模板纹理图如图3-2所示。

（2）规格。模板用木胶合板模板的幅面尺寸一般宽度为1200mm，长度为2400mm左右，厚度为12～18mm，常用规格见表3-1。

2. 胶合性能及承载能力

（1）胶合性能检验。模板用胶合板模板的胶粘剂主要是酚醛树脂。此类胶粘剂胶合强度高，耐水、耐热、耐腐蚀等性能好，其突出的是耐沸水性能及耐久性。评定胶合性能的指标主要有两项：

1) 胶合强度。为初期胶合性能，指的是单板经胶合后完全粘牢，有足够的强度。

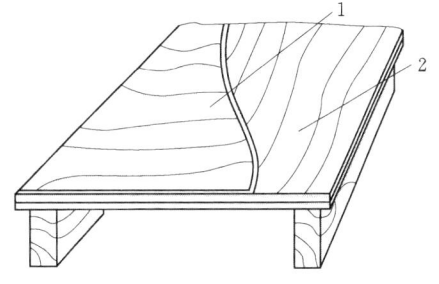

图3-2 木胶合板模板纹理图
1—表板；2—芯板

表3-1　　　　　　木胶合板模板规格　　　　　　单位：mm

模数制		非模数制		厚度	层数
宽度	长度	宽度	长度		
600	1800	915	1830	12.0	至少5层
900	1800	1220	1830	15.0	至少7层
1000	2000	915	2135	18.0	
1200	2400	1220	2440	21.0	

2)胶合耐久性。为长期胶合性能,指的是经过一定时期后,仍保持良好胶合的能力。

上述两项指标可通过胶合强度试验、沸水浸渍试验来判定。施工单位在购买混凝土模板用胶合板时,首先要判别是否属于Ⅰ类胶合板,即判别该批胶合板是否采用了酚醛树脂胶或其他性能相当的胶粘剂。如果受试验条件限制,不能做胶合强度试验时,可以用沸水煮小块试件快速简单判别。方法是从胶合板上锯截下 20mm 见方的小块,放在沸水中煮 0.5～1h,用酚醛树脂作为胶粘剂的试件煮后不会脱胶,而用脲醛树脂作为胶粘剂的试块煮后会脱胶。

(2)承载能力。木胶合板的承载能力与胶合板的厚度、静弯曲强度以及弹性模量有关。模板用胶合板模板的纵向弯曲强度、弹性模量指标值见表 3-2。

表 3-2　　　　　　　模板用胶合板模板纵向弯曲强度和弹性模量指标值

树　　种	弹性模量/MPa	静弯曲强度/MPa
柳桉	3.5×10^2	25
马尾松、云南松、落叶松	4.0×10^2	30
桦木、克隆、阿必东	4.5×10^2	35

3. 施工要点及注意事项

(1)施工要点。为了使胶合板板面具有良好的耐碱性、耐水性、耐热性、耐磨性以及脱模性,增加胶合板的重复使用次数,必须选用经过处理的胶合板。未经处理的胶合板(亦称白坯板或素板)可在其表面冷涂刷一层涂料胶,亦称作表层胶,构成保护膜。表层胶的胶种有聚氨酯树脂类、环氧树脂类、酚醛树脂类等。

(2)注意事项。经表面处理的胶合板,使用时一般应注意以下几个问题:

1)模板拆除后,严禁从高处向下扔,以免损伤板面处理层。

2)脱模后立即清洗板面浮浆,堆放整齐。

3)胶合板周边涂封边胶,及时清除水泥浆。若在模板拼缝处粘贴纸胶带或水泥袋纸,则易脱模,不损伤胶合板边角。

4)胶合板板面尽量不钻洞。遇有预留孔洞等用普通板材拼补。现场有修补材料,及时修补,防止损伤面扩大。

(二)竹胶合板模板

在我国木材资源有限的情况下,以竹材为原料代替木材制作模板成为一种趋势。我国竹材资源丰富,而且竹材具有生长快、生产周期短(一般 2～3 年成材)的特点。另外,一般竹材顺纹抗拉强度为 18MPa,为杉木的 2.5 倍、红松的 1.5 倍;横纹抗压强度为 6～8MPa,是杉木的 1.5 倍、红松的 2.5 倍,静弯曲强度为 15～16MPa。因此,制成混凝土模板用竹胶合板,具有收缩率、膨胀率和吸水率低,承载能力大等优点,是一种有应用前景的新型建筑模板。

1. 组成和构造

混凝土模板用竹胶合板,其面板与芯板所用材料既有不同之处又有相同之处。不同的是芯板将竹子劈成竹条(称竹帘单板),宽 14～17mm,厚 3～5mm,在软化池中进行高温软化处理后,采用烤青、烤黄、去竹皮衣及干燥等进一步操作处理。竹帘的编织可用人工或编织机。面板通常为编席单板，做法是竹子劈成篾片，由编工编成。表面板采用薄木胶合板，这样既可利用竹材资源，又可兼有木胶合板表面平整的优点。另外，也有采用竹编席作面板的，这种板材表面平整度较差，且胶粘剂用量较多。竹胶合板断面构造如图3-3所示。

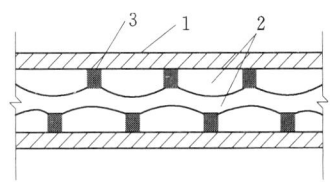

图3-3 竹胶合板断面示意图
1—竹席或毛木片表板；2—竹帘芯板；
3—胶粘剂

为了提高竹胶合板的耐水性、耐磨性和耐碱性，可在表面进行涂面处理。经实验证明，竹胶合板表面进行环氧树脂涂面的耐碱性较好，瓷釉涂料面的综合效果最佳。

2. 规格和性能。

(1) 规格。根据《竹编胶合板》(GB/T 13123—2003)，竹胶合板的规格见表3-3和表3-4。

表3-3　　　　　　　　　竹胶合板长、宽规格　　　　　　　　单位：mm

长度	宽度	长度	宽度
1830	915	2440	1220
2000	1000	3000	1500
2135	915		

注　引自《竹胶合板模板》(JG/T 156—2004)。

表3-4　　　　　　竹胶合板厚度与层数对应关系参考表

层数	厚度/mm	层数	厚度/mm
2	1.4~2.5	14	11.0~11.8
3	2.4~3.5	15	11.8~12.5
4	3.4~4.5	16	12.5~13.0
5	4.5~5.0	17	13.0~14.0
6	5.0~5.5	18	14.0~14.5
7	5.5~6.0	19	14.5~15.5
8	6.0~6.5	20	15.5~16.2
9	6.5~7.5	21	16.5~17.2
10	7.5~8.2	22	17.5~18.0
11	8.2~9.0	23	18.0~19.5
12	9.0~9.8	24	19.5~20.0
13	9.01~0.8		

我国建筑行业标准对竹胶合板模板的规格尺寸规定见表3-5。

表 3-5　　竹胶合板模板规格尺寸　　单位：mm

长度	宽度	厚度	长度	宽度	厚度
1830	915	9, 12, 15, 18	2135	915	9, 12, 15, 18
1830	1220		2440	1220	
2000	1000		3000	1500	

（2）性能。根据我国建筑行业标准，竹胶合板模板性能见表 3-6。

表 3-6　　竹 胶 合 板 模 板 性 能

性能		优等品	一等品	合格品	备注
密度/(g/cm³)		≥0.85	≥0.85	≥0.85	
含水率		≤12%	≤14%	≤15%	*
吸水率		≤12%	≤14%	≤17%	
静曲弹性模量/MPa	∥	≥7×10³	≥6.5×10³	≥6×10³	*
	⊥	≥5×10³	≥4.5×10³	≥4×10³	*
静曲强度/MPa	∥	≥90	≥80	≥70	
	⊥	≥60	≥55	≥50	
冲击强度/(kJ/m²)		≥60	≥50	≥40	
胶合强度/MPa		≥0.80	≥0.70	≥0.60	
水煮、冰冻、干燥的保有强度/MPa	∥	≥60	≥50	≥40	
	⊥	≥40	≥35	≥30	

注　1. 引自《竹胶合板模板》(JG/T 156—2004)。
　　2. 带 * 号者要求出厂必须检验。
　　3. ∥和⊥表示横纹和顺纹强度方向。

三、胶合板模板的配制及要求

（一）胶合板模板的配制方法

1. 按设计图纸尺寸直接配制模板

形体结构简单的结构构件，可根据结构施工图纸直接按尺寸列出模板规格和数量进行配制。

2. 采用放大样方法配制模板

形体复杂的结构构件，如楼梯、圆形水池等，可在平整的地坪上，按结构图的尺寸画出结构构件的实样，量出各部分模板的准确尺寸或套制样板，同时确定模板及其安装的节点构造，进行模板的制作。

3. 用计算方法配制模板

形体复杂不易采用放大样方法，但对于一定几何形体规律的构件，可用计算方法结合放大样的方法，进行模板的配制。

4. 采用结构表面展开法配制

采用结构表面法配制模板、横档及楞木的断面和间距以及支撑系统的配制，都可按支撑要求通过计算选用。

一些形体复杂且由不同形体组成的复杂体型结构构件,如设备基础,其模板的配制,可采用先画出模板平面图和展开图,再进行配模设计和模板制作。

(二)胶合板模板的配制要求

(1)应整张直接使用,尽量减少随意锯截,造成胶合板浪费。

(2)木胶合板常用厚度一般为12mm或18mm,竹胶合板常用厚度一般为12mm,内、外楞的间距,可随胶合板的厚度,通过设计计算进行调整。

(3)支撑系统可以选用钢管脚手架,也可以采用木支撑。采用木支撑时,不得选用脆性、严重扭曲和受潮容易变形的木材。

(4)钉子长度应为胶合板厚度的1.5~2.5倍,每块胶合板与木楞相叠处至少钉2个钉子,第二块板的钉子要转向第一块模板方向斜钉,使拼缝严密。

(5)配制好的模板应在反面编号并写明规格,分类堆放保管,以免错用。

四、胶合板模板的施工

采用胶合板模板作浇筑混凝土墙体和楼板的模板,是目前常用的一种模板技术,相比采用组合式模板,可以减少混凝土外露表面的接缝,满足清水混凝土的要求。

(一)墙体模板

常规的支模方法是:胶合板面板外侧的立档用50mm×100mm方木,横档(又称牵杠)可用48mm×3.5mm脚手钢管或方木(一般为100mm方木),两侧胶合板用穿墙螺栓拉结,如图3-4所示。

(1)墙体模板安装时,根据边线先立一侧模板,临时用支撑撑住,用线锤校正使模板垂直,然后固定牵杠,再用斜撑固定。大块侧模组拼时,上下竖向拼缝要相互错开,先立两端,后立中间部分。待钢筋绑扎后,按同样方法安装另一侧模板及斜撑等。

(2)为了保证墙体的厚度准确,在两侧模板之间可用小方木撑头(小方木长度等于墙厚),防水混凝土墙的撑头要加有止水板。小方木要随着混凝土的浇筑逐个取出。为了防止浇筑混凝土的墙身鼓胀,可用8~10号钢丝或直径12~16mm螺栓拉结两侧模板,间距不大于1m。螺栓要纵横排列,并在混凝土凝结前经常转动,以便在凝结后取出,如墙体不高、厚度不大,亦可在两侧模板上口钉上搭头木。

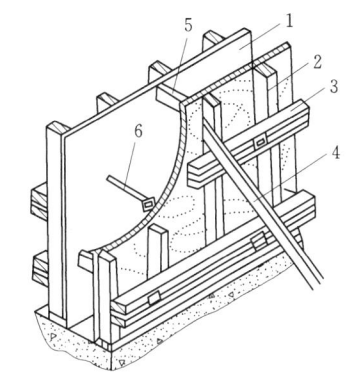

图3-4 采用胶合板面板的墙体模板
1—胶合板;2—主档;3—横档;4—斜撑
5—撑头;6—穿墙螺栓

(二)楼板模板

楼板模板的支设方法有以下几种。

1. 采用脚手钢管排架

铺设楼板模板常采用的支模方法:用48mm×3.5mm脚手钢管搭设排架,在排架上铺设50mm×100mm方木,间距为400mm左右,作为面板的格栅(楞木),在其上铺设胶合板面板,如图3-5所示。

2. 采用木顶撑支设楼板模板

(1) 楼板模板铺设在格栅上。格栅两头搁置在托木上，格栅一般用断面面积为 50mm×100mm 的方木，间距为 400～500mm。当格栅跨度较大时，应在格栅下面再铺设通长的牵杠，以减小格栅的跨度。牵杠撑的断面要求与顶撑立柱相同，下面须垫木楔及垫板，一般用 (50～75)mm×150mm 的方木。楼板模板应垂直于格栅方向铺钉，如图 3-6 所示。

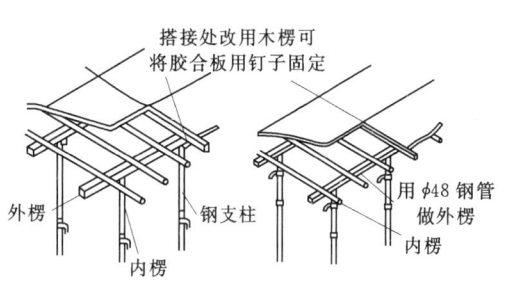

图 3-5 楼板模板采用脚手钢管（或钢支柱）
排架支撑

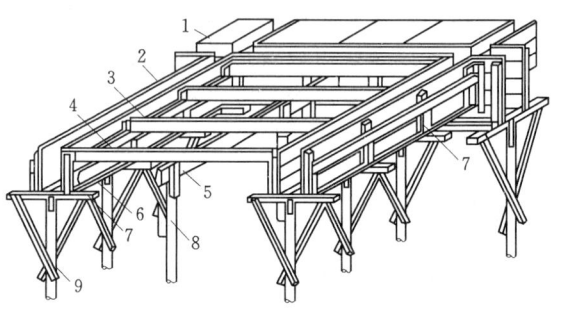

图 3-6 木模板楼板
1—楼板模板；2—梁侧模板；3—搁栅；4—横档
（托木）；5—牵杠；6—夹木；7—短撑木；
8—牵杠撑；9—支柱（琵琶撑）

(2) 楼板模板安装时，要先在次梁模板的两侧板外侧弹水平线，水平线的标高应为楼板标高减去楼板模板厚度及格栅高度，然后按水平线钉上托木，托木上口与水平线相齐。再把靠近梁模的格栅先摆上。等分格栅间距，摆中间部分的格栅。最后在格栅上铺钉楼板模板，为了便于拆模，只在模板端部或接头处钉牢，之间尽量少钉。如中间设有牵杠撑及牵杠时，应在格栅摆放前先将牵杠撑立起，将牵杠铺平。

项目 2 木 模 板

在各类工程的施工中，木模板是最早被用来制作模板的工程材料，木模板及其支撑系统所用的木材宜用Ⅲ级木材，与混凝土表面接触的木模板，为了保证混凝土表面的光洁，宜采用红松、白松、杉木，因为它们重量轻，不易变形，可以增加模板的使用次数。对于不暴露在明处或需抹灰的混凝土，则可用其他树种的木材做模板，但要选择满足木模板配置要求的木材。

一、木模板的配制及要求

（一）木模板的配制方法
参见胶合板模板的配制方法。
（二）木模板的配制要求
(1) 木模板极其支撑系统所有的木材，不得选用有脆性、严重扭曲和受潮容易变形的木材。

(2) 木模板的厚度。侧模一般可采用 20～30mm，底模一般可采用 40～50mm。

(3) 拼制模板的木板条不宜宽于下列数值：①工具式模板的木板为 150mm；②直接与混凝土接触的模板为 200mm；③梁和拱的底板，如采用整块木板，其宽度不加限制。

(4) 木板条应将拼缝处刨平刨直，模板的木档也要刨直。

(5) 钉子长度应为木板厚度的 1.5～2 倍，每块木板与木档相叠处至少钉 2 只钉子。

(6) 混水模板正面高低差不得超过 3mm；清水模板安装前应将模板正面刨平。

(7) 配制好的模板应在背面标明标号及规格，分别堆放保管，以免错用。

(三) 木模板的安装要求

木模板极其支撑系统应满足以下基本要求：

(1) 保证结构构件各部分的形状、尺寸和相互间位置的准确性。

(2) 具有足够的强度、刚度和稳定性，能承受本身自重及钢筋、浇捣混凝土的重量和侧压力以及在施工中产生的其他荷载。

(3) 安装拆除方便，能多次周转使用。

(4) 模板拼缝严密，不漏浆。

(5) 所有木料受潮后不易变形。

(6) 支撑必须安装在坚实的地基上，并有足够的支持面积，以保证所浇筑的结构不致发生下沉。

二、平面模板

(一) 模板尺寸

平面模板可采用宽度不大于 150mm 的木板，当混凝土构件的宽度大于 150mm 时，则用若干块木板拼制，其背面加木档，木档断面尺寸及其间距按模板受力情况而定。用于侧模时，木板厚度为 20～30mm；用于底模时，模板厚度为 40～50mm。模板尺寸按混凝土构件支模面积而定。

用于楼板的底模，则做成定型模板，即将木板（或防水胶合板）拼钉于木框上，木板厚度不小于 20mm，定型模板的尺寸一般采用 400mm×800mm、500mm×1000mm 等，也有做成方形的。

(二) 配件

配件包括顶撑、柱箍、格栅、托木、夹木、斜撑、横担、牵杠、拉杆、搭头木、垫板、木楔、木桩等。

顶撑用于支撑梁模。顶撑由帽木、立柱、斜撑等组成，帽木用（50～100）mm×100mm 方木，立柱用 100mm×100mm 方木或直径为 100mm 的原木，斜撑用 50mm×75mm 的方木。顶撑也可以用钢制，立柱由内外套管组成，内管用 50mm 钢管，外管用 63mm 钢管，内外管上都有销孔，两者销孔对准，插入销子，可调整立柱高度；斜撑用 12mm 圆钢，立柱顶应装帽木托座，帽木置于托座中，用钉子转圈钉牢。为了调整梁模的标高，在顶撑立柱底下加设木楔，沿顶撑底的地面上应铺垫板，垫板厚度应不小于 40mm，宽度不小于 200mm，长度不小于 600mm。钢顶撑的立面图如图 3-7 所示。木顶撑如图 3-8 所示。

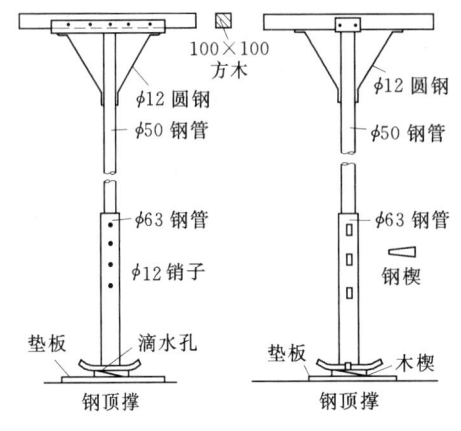
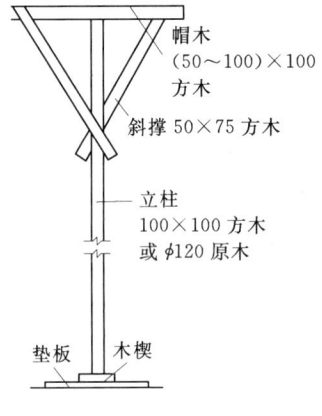

图 3-7 钢顶撑　　　　　图 3-8 木顶撑

柱箍用于箍紧柱模,以防止混凝土浇筑时柱模发生鼓胀变形。柱箍有钢柱箍和钢木柱箍。钢柱箍两边为角钢,另两边为螺栓,角钢边长不小于 50mm,螺栓直径不小于 12mm。钢木柱箍两边为方木,另两边为螺栓,方木应采用硬木,断面不小于 50mm×50mm,螺栓直径不小于 12mm。钢柱箍和钢木柱箍平面图如图 3-9 所示。

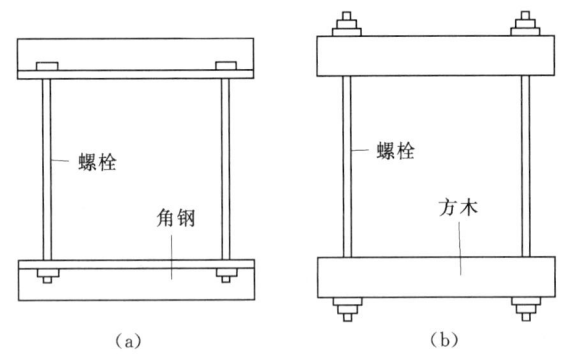

图 3-9 钢柱箍和钢木柱箍平面图
(a) 钢柱箍;(b) 钢木柱箍

格栅用于支撑楼板底模。格栅应用方木制作,其断面面积不小于 50mm×100mm。格栅的头搁置于梁模外侧的托木上。格栅间距不超过 500mm。

托木用于支撑格栅,钉于梁模侧板外侧。托木应用方木制作,其断面面积不小于 50mm×75mm。托木如不需要支撑格栅,则作为斜撑上段支撑点。

夹木用于梁模、墙模侧板下侧外端,以防止侧板下端移位。夹木应用方木制作,其断面面积不小于 50mm×75mm。

斜撑用于稳固梁模、墙模、基础等的侧板。斜撑应用方木制作,其断面面积不小于 50mm×50mm。斜撑一般按 45°~60°方向布置,其上端支撑在托木上,其下端支撑在顶撑的帽木或木桩上。

横担用于支撑预制混凝土构件模板或悬挂基础地梁模板。横担应用方木制作,其断面面积不小于 50mm×100mm。

牵杠用于墙模侧板外侧或格栅底下。牵杠应用方木制作,其断面面积不小于 50mm×75mm。

拉杆设置于顶撑间,以稳固顶撑。拉杆应用方木制作,其断面面积不小于 50mm×50mm。

搭头用于卡住梁模、墙模的上口,以保持模板上口宽度不变。搭头木应用方木制作,其断面面积不小于 40mm×40mm。

三、常见现浇结构木模板的施工

在建筑工程和其他土木工程的施工中，可以用于现浇混凝土结构的木模板，是最常用的一种模板，常见的现场拼装的木模板主要有基础木模板、柱子木模板、过梁木模板、楼梯木模板、楼板木模板和圈梁木模板等。

（一）基础木模板

建筑工程中常用的混凝土基础的形式有带形基础、有地梁带形基础、阶梯形基础、杯形基础等，如图 3-10 所示。

1. 带形基础的木模板

带形的基础木模板构造非常简单，有的由侧板、斜撑和木桩等组成，也有的由侧板、平撑和垫板等组成。侧板采用拼板模板，其高度等于基础的阶高，斜撑的上端钉牢于侧板的木档上，下端钉牢于木桩上，木档的下端与木桩之间要设置平撑，以确保模板位置准确、固定牢靠、整体性好。带形基础的木模板构造如图 3-11 所示。

2. 有地梁带形基础的木模板

有地梁带形基础的木模板构造比带形基础木模板复杂，主要由下阶侧板、横担、斜撑、木楔、垫板和木桩等组成。下阶侧板的高度是对于下阶混凝土基础的高度，用斜撑、平撑与木桩加以固定。下阶基础的上部为地梁，地梁的侧板是利用木档及斜撑悬挂于水平横担之下，横担两端的下部垫以木楔及垫板，垫板置于地面上，如果敲打垫板上的木楔，可以适当调整地梁的标高。有地梁带形基础木模板的构造如图 3-12 所示。

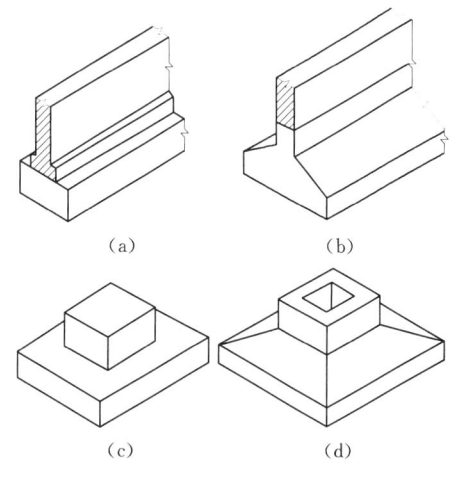

图 3-10 混凝土基础四种形式的立体示意图
（a）带形基础；（b）有地梁带形基础；
（c）阶梯形基础；（d）杯形基础

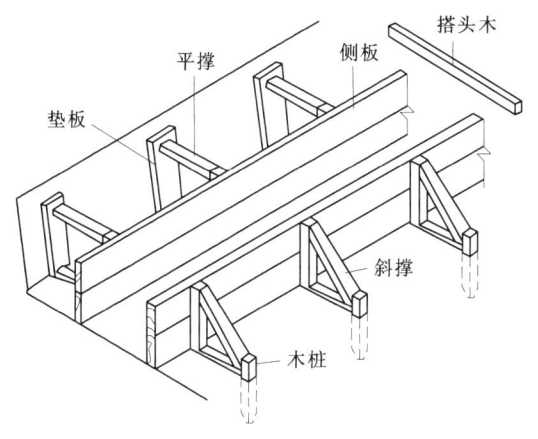

图 3-11 带形基础木模板构造示意图

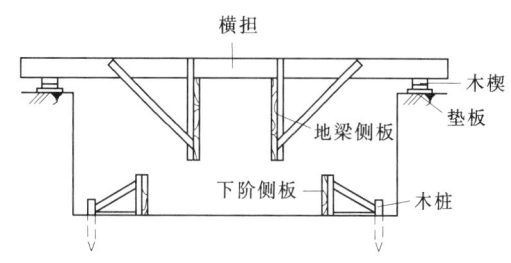

图 3-12 有地梁带形基础木模板的构造示意图

3. 阶梯形基础的木模板

阶梯形基础的木模板构造与杯形基础模板不同，主要由上阶侧板、下阶侧板、斜撑、平撑和木桩等组成，如图 3-13 所示。下阶侧板与木桩之间设置斜撑及平撑，上阶侧板的两面侧板的最下边一块拼板应当加长，并用木档加以钉固。

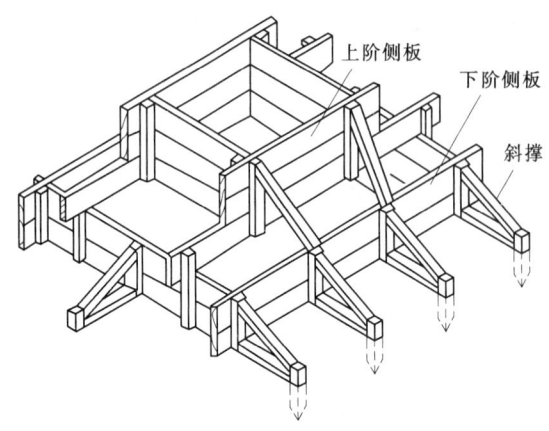

图 3-13 阶梯形基础木模板的构造示意图

4. 杯形基础的木模板

杯形基础的木模板是独立柱子的基础模板，主要由下阶侧板、上阶侧板、杯口模、轿杠、斜撑、平撑、木桩等组成。

木模板的下阶侧板与木桩之间用斜撑及平撑进行固定，上阶侧板的两侧外面钉上轿杠。轿杠两端搁置于下阶侧板的上口，并用木档加以固定。

杯口模是杯形基础的木模板主要部分，由侧板、手把、上口框、下口框等组成。为了便于杯口模的固定和拆除，其两侧设置手把，手把搁置于上阶侧板的上口，并用木档加以固定。杯口模底部没有底，这样杯口底处的混凝土容易捣密实。杯口模的上口宽度应比柱子脚的宽度大 100~150mm，下口宽度应比柱子脚的宽度大 40~60mm，杯口模安装底标高应比基础杯口地步高低 20~30mm。

杯形基础的木模板构造如图 3-14 所示。

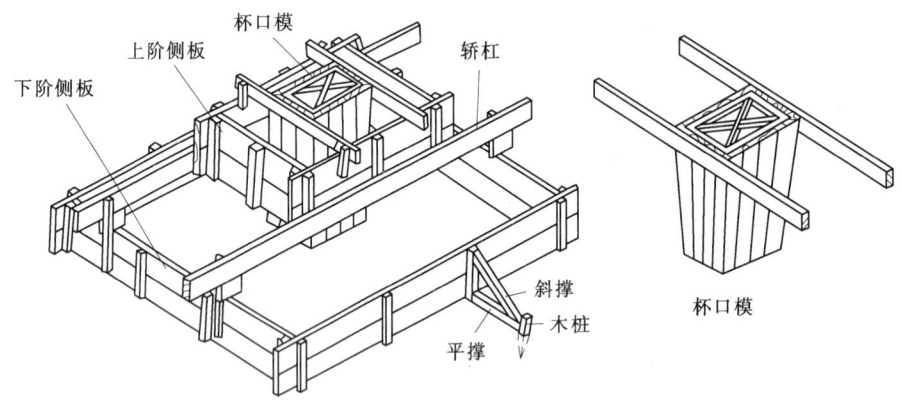

图 3-14 杯形基础的木模板构造示意图

（二）梁木模板

梁的特点是跨度大而宽度不大，梁底一般是架空的。梁模板主要由底模、侧模、夹木及支架系统组成。底模用长条模板加拼条拼成，或用整块板条，如图 3-15 所示。

1. 梁模板安装程序

梁模板安装程序可以概括为：测定梁、板底标高→搭设支撑架→安放纵横楞→安装梁底模→梁钢筋绑扎→安装梁侧模→安装梁柱节点模板→安装楼板底模→涂刷隔离剂→绑扎

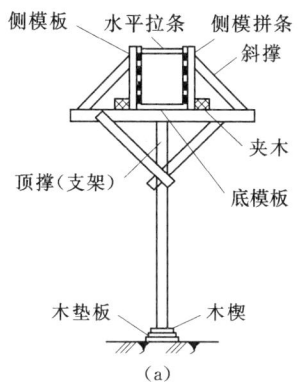 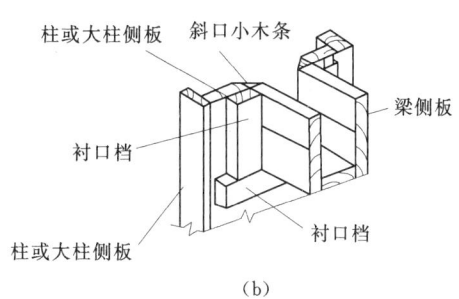

图 3-15 梁的模板组成示意图
(a) 单梁模板；(b) 梁模板的连接

楼板钢筋→安放预埋管件→检验校正。

2. 梁模板安装工艺要点

梁模板安装时，应在梁模下方地面上铺垫板，在柱模缺口处钉衬口档，然后把底板两头搁置在柱模衬口档上，再立靠柱模或墙边的顶撑，并按梁模长度等分顶撑间距，立中间部分的顶撑。顶撑底应打入木楔。安放侧板时，两头要钉牢在衬口档上，并在侧板底外侧铺上夹木，用夹子将侧板夹紧并钉牢在顶撑帽木上，随即把斜撑钉牢。顶撑的间距应经模板设计确定，一般情况下采用双支柱时，间距以 60～100cm 为宜。

次梁模板的安装，要待主梁模板安装并校正后才能进行。其底板及侧板两头是钉在主梁模板缺口处的衬口档上。次梁模板的两侧板外侧要按格栅底标高钉上托木。

梁模板安装后，要拉中线进行检查，复核各梁模中心位置是否对正。待平板模板安装后，检查并调整标高，将木模钉牢在垫板上。各顶撑之间要设水平撑或剪刀撑，以保持顶撑的稳固，如图 3-16 所示。

当梁的跨度不小于 4m 时，在梁模的跨中要起拱，起拱高度为梁跨度的 0.2%～0.3%。当梁模板下面需留施工通道，或因土质不好不宜落地支撑，且梁的跨度又不大时，则可将支撑改成倾斜支设，支设在柱子的基础面上（倾角一般不宜大于 30°），在梁底板下面用一根 50mm×75mm 或 50mm×100mm 的方木将两根倾斜的支撑撑紧，以加强梁底板刚度和支撑的稳定性，如图 3-17 所示。

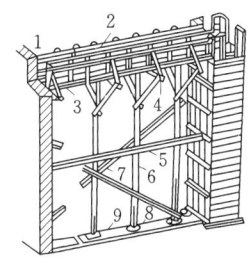 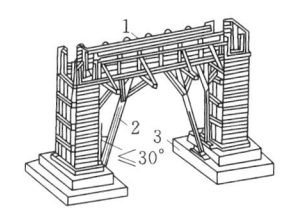

图 3-16 梁模板的安装
1—砖墙；2—侧板；3—夹木；4—斜撑；5—水平撑；
6—琵琶撑；7—剪刀撑；8—木楔；9—垫板

图 3-17 用支撑倾斜支模
1—侧板；2—支撑；3—柱基础

（三）楼板模板安装

楼板模板安装时，先在次梁模板的两侧板外侧弹水平线，水平线的标高应为平板底标高减去楼板模板厚度及格栅高度，然后按水平线钉上托木，托木上口与水平线相齐。再把靠梁模旁的格栅先摆上，等分格栅间距，摆中间部分的格栅。最后在格栅上铺钉楼板模板。为了便于拆模，只把模板端部或接头处钉牢，中间尽量少钉。如果是定型模块则铺在格栅上即可。如中间没有牵杠撑及牵杠时，应在格栅摆放前先将牵杠撑立起，将牵杠铺平。

楼板模板铺好后，应进行模板面标高的检查工作，如有不符，应进行调整模板支柱纵横方向的水平拉杆、剪刀撑等，均应按设计要求布置；当设计无规定时，支柱间距一般不宜大于2m，纵横方向的水平拉杆的上下间距不宜大于1.5m，纵横方向的垂直剪刀撑的间距不宜大于6m。

采用扣件钢管脚手架作支架时，横杆的步距要按设计要求设置。采用桁架支模时，要按事先设计的要求设置，桁架的上下弦要设水平连接。

由于空调等各种设备管道安装的要求，需要在模板上预留孔洞时，应尽量使穿梁管道孔分散，穿梁管道孔的位置应设置在梁中，以防消减梁的截面影响梁的承载力。

项目3　扣件式钢管脚手架搭设实训

一、实训任务

某学校××教学楼已完成地面上2m高的钢筋绑扎和模板安装，其中某教室东面墙长4m，现要求搭设该面墙体一层楼高的外脚手架。

二、实训目标

1. 知识目标和能力目标

（1）熟悉脚手架搭设的安全技术要求。

（2）能计算材料及工具的用量，编制材料需用量计划，正确进行脚手架搭设材料、工具、场地的准备工作。

（3）熟悉扣件式钢管脚手架的基本组成与构造，掌握扣件式钢管脚手架的搭设工艺。

（4）了解脚手架的质量通病，能分析其原因并提出相应的防治措施和解决办法。

2. 情感目标

（1）培养团队合作精神，养成严谨的工作作风。

（2）做到安全施工、文明施工。

三、理论知识准备

（1）扣件式钢管脚手架的组成和构造。

（2）扣件式脚手架的材料用量计算。

（3）脚手架的受力分析。

（4）脚手架搭设的安全技术要求。

四、实训重点

（1）脚手架搭设材料与工具的准备。
（2）脚手架搭设与拆除施工工艺。

五、实训难点

（1）脚手架搭设安全技术。
（2）搭拆程序及工艺要求。
（3）脚手架稳定性、坚固性的控制。

六、计算材料用量

1. 脚手架的尺寸

将确定的脚手架尺寸填入表。

序号	规格	尺寸/mm
1	立杆纵向间距	
2	立杆横向间距	
3	纵向水平杆步距	
4	横向水平杆步距	

2. 材料用量

将需用的材料数量及尺寸填入表。

序号	规格	长度/mm	数量
1	立杆		
2	纵向水平杆		
3	横向水平杆		
4	剪刀撑		
5	直角扣件		
6	旋转扣件		
7	对接扣件		

七、在 A4 纸上绘制脚手架施工图

略。

八、实训施工准备

（1）清除搭设范围内的障碍物，平整场地，夯实基土，做好现场排水工作。
（2）根据实训场地范围及脚手架尺寸，确定脚手架搭设方案。
（3）确定立杆、纵向水平杆、横向水平杆、剪刀撑等所采用的钢管。
（4）配备好扳手、钢丝钳、钢锯、榔头、铁锹、锄头等工具。
（5）对钢管、扣件、脚手板等架料进行检查验收，不合格产品不得使用，经检验合格的构配件按品种、规格分类，堆放整齐，堆放场地不得有积水。

九、搭设步骤

(1) 定位和安铺垫板、底座。
(2) 竖立杆和安放扫地杆。
(3) 安放纵向水平杆和横向水平杆。
(4) 设抛撑。
(5) 安装剪刀撑。

十、质量要求

(1) 搭设脚手架的材料规格和质量必须符合要求，不能随便使用。
(2) 架子要有足够的坚固性和稳定性，应防止脚手架摇晃、倾斜、沉陷或倒塌。
(3) 脚手板要铺稳、铺满，不得有探头板。
(4) 脚手架的架杆、配件设置和连接必须齐全，质量合格，构造符合要求，连接和挂扣紧固可靠。
(5) 脚手架的垂直度与水平度的偏差符合要求。

十一、脚手架拆除

拆除顺序与搭设顺序相反，即从钢管脚手架的顶端拆起，后搭的先拆，先搭的后拆。其具体拆除顺序：安全网→护身栏→挡脚板→脚手板→横向水平杆→纵向水平杆→立杆→连墙杆→剪刀撑→斜撑→拆除抛撑和扫地杆。

十二、实训考核验收

扣件式钢管脚手架搭设考核验收表

实训项目	扣件式钢管脚手架搭设		实训时间		实训地点	
姓名			班级		指导教师	
成绩						

序号	检验内容	要求及允许偏差	检验方法	验收记录	配分	得分
1	工作程序	正确的搭拆程序	巡查		10	
2	坚固性	脚手架无过大摇晃	观察、检查		10	
3	立杆垂直度	±7mm	吊线和钢尺		10	
4	间距	步距：±20mm 柱距：±50mm 排距：±20mm	用钢尺检查		10	
5	纵向水平杆高差	一根杆两端：±20mm	用水平仪或水平尺检查		5	
		同跨度内外纵向水平杆高差：±10mm			5	
6	扣件安装	主节点处各扣件中心点相互距离：$\Delta=150mm$	用钢尺检查		10	

续表

序号	检验内容	要求及允许偏差	检验方法	验收记录	配分	得分
7	扣件螺栓拧紧扭力矩	40～65N·m	扭力扳手		10	
8	安全施工	安全设施到位	巡查		5	
		没有危险动作	巡查		5	
9	文明施工	工具完好、场地整洁	巡查		5	
	施工进度	按时完成	巡查		5	
10	团队精神	分工协作	巡查		5	
	工作态度	人人参与	巡查		5	

扣件式钢管脚手架搭设学生工作页

实训项目		实训时间		实训地点		
姓名		班级		指导教师		成绩
知识要点			评分权重30%		得分：	
1. 脚手架的作用						
2. 脚手架的分类						
3. 扣件式钢管脚手架有哪些配件						
操作要领			评分权重50%		得分：	
1. 记录扣件式钢管脚手架搭设的工具						
2. 记录扣件式钢管脚手架搭设的材料						
3. 场地的准备工作要点						
4. 脚手架搭设的工艺顺序						
5. 脚手架拆除顺序						
操作心得			评分权重20%		得分：	

项目 4　一字形斜道搭设实训

一、实训任务

搭设钢管扣件式脚手架一字形斜道。斜道高 2m、长 6m、宽 1.5m，端部设置 1m 长，1.5m 宽的平台。

二、实训目标

1. 知识目标和能力目标

（1）熟悉脚手架搭设的安全技术要求。

（2）能计算材料及工具的用量，编制材料需用量计划，正确进行脚手架搭设材料、工具、场地的准备工作。

（3）熟悉一字形斜道的基本构造，掌握一字形斜道的搭设和拆除施工工艺。

（4）了解脚手架工程的质量通病，能分析其原因并提出相应的防治措施和解决办法。

2. 情感目标

（1）培养团队合作精神，养成严谨的工作作风。

（2）做到安全施工、文明施工。

三、理论知识准备

（1）扣件式钢管脚手架的组成和构造。

（2）扣件式脚手架的材料用量计算。

（3）一字形斜道的安全技术要求。

（4）斜道的检查和验收。

四、实训重点

（1）脚手架搭设材料与工具的准备。

（2）斜道搭设与拆除施工工艺。

五、实训难点

（1）脚手架搭设安全技术。

（2）搭拆程序及工艺要求。

（3）脚手架稳定性、坚固性的控制。

六、计算材料用量

1. 脚手架的尺寸

将确定的脚手架尺寸填入下表。

序号	规格	尺寸/mm
1	立杆纵向间距	
2	立杆横向间距	
3	纵向水平杆步距	
4	横向水平杆步距	
5	斜杆的倾斜角度	

2. 材料用量

将确定的材料用量填入下表。

序号	规格	长度/mm	数量
1	立杆		
2	纵向水平杆		
3	横向水平杆		
4	斜杆		
5	直角扣件		
6	旋转扣件		
7	对接扣件		

七、在 A4 纸上绘制脚手架施工图

略。

八、实训施工准备

（1）清除搭设范围内的障碍物，平整场地，夯实基土，做好现场排水工作。
（2）根据实训场地范围及脚手架尺寸，确定脚手架搭设方案。
（3）确定立杆、纵向水平杆、横向水平杆、剪刀撑等所采用的钢管。
（4）配备好扳手、钢丝钳、钢锯、榔头、铁锹、锄头等工具。
（5）对钢管、扣件、脚手板等架料进行检查验收，不合格产品不得使用，经检验合格的构配件按品种、规格分类，堆放整齐。堆放场地不得有积水。

九、搭设步骤

（1）定位和安铺垫板、底座。
（2）竖立杆和安放扫地杆。
（3）安放纵向水平杆和横向水平杆。
（4）安装斜道处纵向斜杆和横向水平杆。
（5）铺满脚手板。

十、质量要求

（1）搭设脚手架的材料规格和质量必须符合要求，不能随便使用。
（2）架子要有足够的坚固性和稳定性，应防止脚手架摇晃、倾斜、沉陷或倒塌。
（3）脚手板要铺稳、铺满，不得有探头板。
（4）脚手架的架杆、配件设置和连接必须齐全，质量合格，构造符合要求，连接和挂扣紧固可靠。
（5）脚手架的垂直度与水平度的偏差是否符合要求。

十一、脚手架拆除

拆除顺序与搭设顺序相反，即从钢管脚手架的顶端拆起，后搭的先拆，先搭的后拆。其具体拆除顺序：安全网→护身栏→挡脚板→脚手板→横向水平杆→纵向水平杆→立杆→连墙杆→剪刀撑→斜撑→拆除抛撑和扫地杆。

十二、实训考核验收

一字形斜道搭设考核验收表

实训项目	一字形斜道搭设		实训时间		实训地点	
姓名			班级		指导教师	
成绩						

序号	检验内容	要求及允许偏差	检验方法	验收记录	配分	得分
1	工作程序	正确的搭、拆程序	巡查		10	
2	坚固性和稳定性	脚手架无过大摇晃、倾斜	观察、检查		10	
3	立杆垂直度	±7mm	吊线和钢尺		10	
4	间距	步距：±20mm 柱距：±50mm 排距：±20mm	用钢尺检查		10	
5	纵向水平杆高差	一根杆两端：±20mm	用水平仪或水平尺检查		5	
		同跨度内、外纵向水平杆高差：±10mm			5	
6	扣件安装	主节点处各扣件中心点相互距离：$\Delta=150mm$	用钢尺检查		5	
	扣件螺栓拧紧扭力矩	40～65N·m	扭力扳手		5	
7	脚手板铺设	铺稳、铺满，不得有探头板；外伸长度符合要求	观察、用钢尺量测		10	
8	安全施工	安全设施到位	巡查		5	
		没有危险动作	巡查		5	
9	文明施工	工具完好、场地整洁	巡查		5	
	施工进度	按时完成	巡查		5	
10	团队精神	分工协作	巡查		5	
	工作态度	人人参与	巡查		5	

一字形斜道搭设学生工作页

实训项目		实训时间		实训地点		
姓名		班级		指导教师		成绩
知识要点				评分权重30%		得分：
1. 脚手架的施工组织						
2. 一字形斜道的构造要求						
3. 剪刀撑的作用和要求						
操作要领				评分权重50%		得分：
1. 记录一字形斜道搭设的工具						
2. 记录一字形斜道搭设的材料						
3. 扣件安装注意事项						
4. 护身栏杆和安全网设置						
5. 脚手板的铺设						
操作心得				评分权重20%		得分：

项目 5 基础模板安装实训

一、实训任务
制作一阶形基础模板。

二、实训目标
1. 知识目标和能力目标
(1) 熟悉模板安装的安全技术要求。
(2) 能计算材料及工具的用量,编制材料需用量计划,正确进行模板安装材料、工具、场地的准备工作。
(3) 熟悉基础模板的组成与构造,掌握基础模板的安装和拆除施工工艺。
(4) 了解模板工程的质量通病,能分析其原因并提出相应的防治措施和解决办法。
2. 情感目标
(1) 培养团队合作精神,养成严谨的工作作风。
(2) 做到安全施工、文明施工。

三、理论知识准备
(1) 基础模板的组成和构造。
(2) 基础模板的搭设与拆除。
(3) 模板制作安装的安全技术。
(4) 模板的检查和验收。

四、实训重点
(1) 模板制作的材料与工具的准备与验收。
(2) 模板制作、安装与拆除施工工艺。

五、实训难点
(1) 基础模板的平面尺寸控制。
(2) 模板的稳定性、坚固性控制。

六、计算材料用量
绘制所需模板的大样,并写出所需的数量。

七、实训施工准备
(1) 了解基础模板的构造和施工注意事项。
(2) 对照模板图和任务书,完成基础模板安装的工作计划。
(3) 完成基础模板配板设计,提出材料计划。
(4) 提出基础模板安装实训的工具计划。

八、搭设步骤
一般工序:平整基底至设计标高→根据设计要求施工混凝土垫层→根据基础轴线弹出

模板安装边线→按此线安装基础侧板→定位后用斜撑固定侧板,并用平撑将相邻模板连成。

九、质量要求

(1) 模板安装后要找正,模盒对角线应与基础辅助对角线相重合。

(2) 模板支撑要对称进行,支撑点要均匀合理,支撑要牢固,防止浇筑混凝土时模板走动变形。

(3) 有杯口的基础,横杠布置在基础侧模上口,用斜撑、吊木将杯口侧板吊在横杠上。

(4) 模板在浇筑混凝土前,应涂刷一层隔离剂(木模板的隔离剂一般用肥皂水即可。钢模板隔离剂用废机油加柴油混合料,但在组装模板时要防止隔离剂碰到钢筋上),拆除后应立即将模板表面残留的水泥砂浆等清除干净。

十、实训考核验收

基础模板安装实训考核验收表

实训项目		基础模板	实训时间		实训地点	
姓名			班级		指导教师	
成绩						

序号	检验内容		要求及允许偏差	检验方法	验收记录	配分	得分
1	工作程序		正确的搭、拆程序	巡查		10	
2	上、下阶模板轴线对中		允许偏差±5mm	尺量检查		10	
3	上表面标高	上阶模板	±10mm	尺量检查		5	
		下阶模板				5	
4	截面内部尺寸	边长	±10mm	尺量检查		5	
		对角线				5	
5	表面平整度与相邻模板高低差		±6mm	2m靠尺或塞尺		10	
6	上阶模板的整体性			检查		10	
7	下阶模板的稳固性			检查		10	
8	安全施工		安全设施到位	巡查		5	
			没有危险动作	巡查		5	
9	文明施工		工具完好、场地整洁	巡查		5	
	施工进度		按时完成	巡查		5	
10	团队精神		分工协作	巡查		5	
	工作态度		人人参与	巡查		5	

基础模板安装学生工作页

实训项目		实训时间		实训地点	
姓名		班级		指导教师		成绩	

知识要点	评分权重30%	得分：
1. 模板的作用是什么		
2. 怎样保证模板的刚度		
3. 模板质量检验有哪些内容		

操作要领	评分权重50%	得分：
1. 记录模板安装工具		
2. 记录基础模板安装的材料		
3. 怎样保证阶形基础模板与柱轴线的对中		
4. 阶形模板拆模的顺序是怎样的		
5. 如何防止混凝土漏浆		

操作心得	评分权重20%	得分：

学习情境四 钢 模 板

钢模板又称组合式钢模板,是现浇混凝土结构施工常用的模板类型之一,在桥墩、筒仓、水坝等一般构筑物以及现场预制混凝土构件施工中,也已大量采用。定型组合钢模板具有节约木材、组装灵活、装拆方便、通用性好、周转次数多、成型质量高等优点,在工程中被广泛采用,如图4-1所示。

但是,随着社会不断进步,科学技术的不断提高,人们对于自身生存环境的重视,以及环保意识的增强,对建筑施工也提出了更新、更高的要求。组合式钢模板单位面积重量大,不易操作,与混凝土亲和力强,拆除比较困难、施工噪声大、影响文明施工。上述缺陷的充分暴露,使得钢模板的更新换代已迫在眉睫。

(a)

(b)

图4-1 定型组合钢模板
(a) 远景;(b) 近景

项目1　55型钢模板施工

一、55型组合钢模板部件组成

55型组合钢模板又称小钢模,是目前使用较广泛的一种组合式模板。55型组合钢模板主要由钢模板、连接件和支撑件三部分组成。

（一）钢模板

钢模板是组合式钢模板的重要组成部件,一般采用Q235钢材制成,钢板厚度2.5mm,对于大于或等于400mm宽面钢模板的钢板厚度应采用2.75mm或3.0mm。

不同的结构和部位,要采用不同的钢模板。建筑工程中常用的钢模板包括平面模板、阴角模板、阳角模板、连接角模等通用模板和倒棱模板、梁腋模板、柔性模板、搭接模板、双曲可调模板、角可调模板及嵌补模板等专用模板。

1. 平面模板

由面板和肋条组成,肋条上设有U形卡孔,平面模板利用U形卡和L形插销等可拼装成大块模板。U形卡两边设凸鼓,以增加U形卡的夹紧力,边肋倾角处0.3mm的凸棱,可增强模板的刚度,并使拼缝严密。平面模板用于基础、墙体、梁、柱和板等各种结构的平面部位,如图4-2所示。

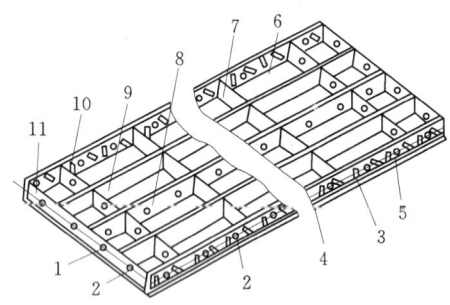

图4-2　平面模板
1—插销孔；2—U形卡孔；3—凸鼓；4—凸棱；
5—边肋；6—主板；7—无孔横肋；8—有孔
纵肋；9—无孔纵肋；10—有孔横肋；11—端肋

2. 转角模板

转角模板有阴角、阳角和连接角模三种,如图4-3和图4-4所示。

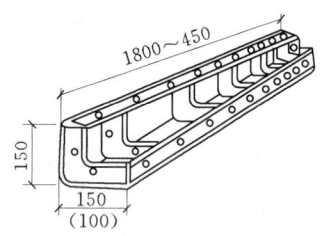

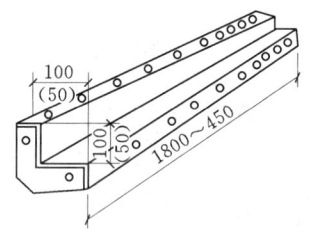

图4-3　阴角模板　　　图4-4　阳角模板

转角模板的长度与平面模板相同,其中阴角模板的宽度有的150mm×150mm、100mm×150mm两种；阳角模板的宽度有100mm×100mm、50mm×50mm两种；连接角模板宽度为50mm×50mm。阴角模板用于墙体和各种构件的内角及凹角的转角部位,阳角模板及连接模板主要用于柱、梁及墙体等外角和凸角的转角部位。

3. 倒棱模板

倒棱模板有角棱模板和圆棱模板两种,倒棱模板的长度与平面模板相同,其中角棱模板的宽度有 17mm、45mm 两种圆棱模板的半径有 R20、R35 两种。倒棱模板用于柱、梁及墙体等阳角的倒棱部位，如图 4-5 所示。

4．梁腋模板

梁腋模板用于暗渠、明渠、沉箱及高架结构等梁腋部位，如图 4-6 所示。宽度有 50mm×150mm 和 50mm×100mm 两种。

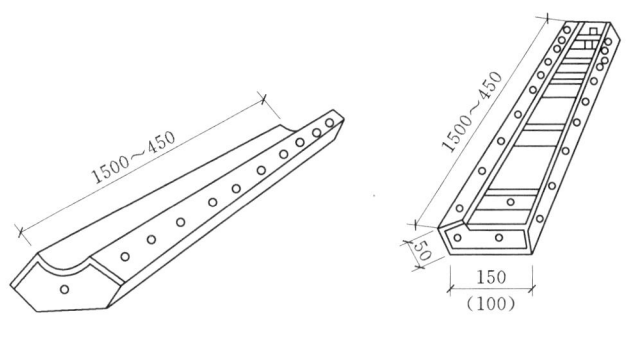

图 4-5 倒棱模板　　图 4-6 梁腋模板

5．其他模板

除上述几种模板，钢模板还包括柔性模板、搭接模板、可调模板和嵌补模板等其他类型。

柔性模板用于圆形筒壁、曲筒壁、曲面墙体等结构部位，如水利工程中的翼墙等。

搭接模板用于调节 50mm 以内的拼装模板尺寸，如图 4-7 所示。

可调模板包括双曲可调模板和角可调模板。双曲可调模板用于构筑物曲面部位，如水利工程中的曲面溢流堰等，如图 4-8 所示。角可调模板用于展开面为扇形或梯形的构筑物的结构部位，如图 4-9 所示。

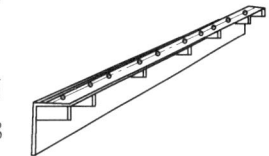

图 4-7 搭接模板

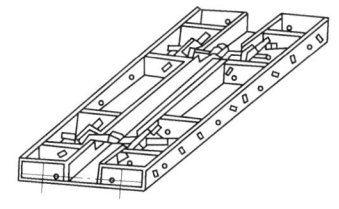 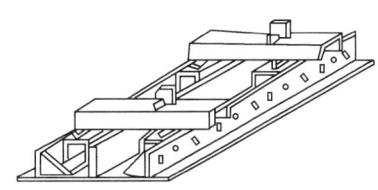

图 4-8 双曲可调模板　　图 4-9 角可调模板

嵌补模板用于梁、板、墙、柱等结构的接头部位。

钢模板的编码和规格见表 4-1。

（二）组合式钢模板的连接件

组合式钢模板的连接件主要有 U 形卡、L 连接件形插销、钩头螺栓、紧固螺栓、扣件、对拉螺栓等。组合式钢模板的组合形式和连接件，如图 4-10 所示。

表 4-1 钢模板编码和规格

单位：mm

模板名称		450		600		750		900		1200		1500		1800	
		代号	尺寸	代号	尺寸	代号	尺寸	代号	尺寸	代号	尺寸	代号	尺寸	代号	尺寸
平面模板代号P	宽度 600	P6004	600×450	P6006	600×600	P6007	600×750	P6009	600×900	P6012	600×1200	P6015	600×1500	P6018	600×1800
	550	P5504	550×450	P5506	550×600	P5507	550×750	P5509	550×900	P5512	550×1200	P5515	550×1500	P5518	550×1800
	500	P5004	500×450	P5006	500×600	P5007	500×750	P5009	500×900	P5012	500×1200	P5015	500×1500	P5018	500×1800
	450	P4504	450×450	P4506	450×600	P4507	450×750	P4509	450×900	P4512	450×1200	P4515	450×1500	P4518	450×1800
	400	P4004	400×450	P4006	400×600	P4007	400×750	P4009	400×900	P4012	400×1200	P4015	400×1500	P4018	450×1800
	350	P3504	350×450	P3506	350×600	P3507	350×750	P3509	350×900	P3512	350×1200	P3515	350×1500	P3518	350×1800
	300	P3004	300×450	P3006	300×600	P3007	300×750	P3009	300×900	P3012	300×1200	P3015	300×1500	P3018	300×1800
	250	P2504	250×450	P2506	250×600	P2507	250×750	P2509	250×900	P2512	250×1200	P2515	250×1500	P2518	250×1800
	200	P2004	200×450	P2006	200×600	P2007	200×750	P2009	200×900	P2012	200×1200	P2015	200×1500	P2018	200×1800
	150	P1504	150×450	P1506	150×600	P1507	150×750	P1509	150×900	P1512	150×1200	P1515	150×1500	P1518	150×1800
	100	P1004	100×450	P1006	100×600	P1007	100×750	P1009	100×900	P1012	100×1200	P1015	100×1500	P1018	100×1800
阴角模板（代号E）		E1504	150×150×450	E1506	150×600×600	E1507	150×150×750	E1509	150×150×900	E1512	150×150×1200	E1515	150×150×1500	E1518	150×150×1800
		E1004	100×150×450	E1006	100×150×600	E1007	100×150×750	E1009	100×150×900	E1012	100×150×1200	E1015	100×150×1500	E1018	100×150×180
阴角模板（代号Y）		Y1004	100×100×450	Y1006	100×100×600	Y1007	100×100×750	1009	100×100×900	Y1012	100×100×1200	Y1015	100×100×1500	Y1018	100×100×1800
		Y0504	50×50×450	Y0506	50×50×600	Y0507	50×50×750	Y0509	50×50×900	Y0512	50×50×1200	Y0515	50×50×1500	Y0518	50×50×1800
连接角模（代号J）		J0004	50×50×450	J0006	50×50×600	J0007	50×50×750	J0009	50×50×900	J0012	50×50×1200	J0015	50×50×1500	J0018	50×50×1800

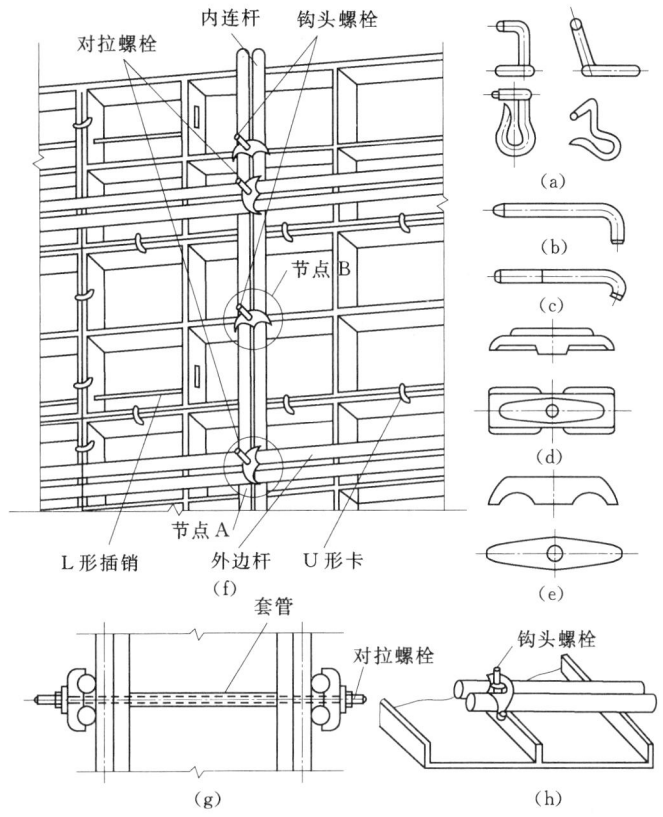

图 4-10 组合式钢模板的组合形式和连接件
(a) U形卡；(b) L形插销；(c) 钩头螺栓；(d) 蝶形扣件；
(e) 3形扣件；(f) 组合式钢模板；(g) 节点 A；(h) 节点 B

U形卡（亦称U形销），主要用于钢模板纵向和横向的自由拼接，将相邻的钢模板加紧固定，用于模板的U形卡其间距一般不大于300mm，一般可每隔一个孔设卡。

L形插销，插入相邻模板端部横肋的插销孔，用于加强钢模板的纵向拼接刚度，确保模板接缝板面的平整，其直径为12mm，长度一般为345mm。

勾头螺栓，主要用于钢模板与内外龙骨（钢楞）的连接固定，其长度有205mm和180mm两种，其间距一般不会超过600mm。

(三) 支撑件

支撑件主要有钢楞、柱箍、梁卡具、圈卡具、钢支柱、早拆柱头、斜撑、桁架、钢管脚手架等形式。

二、55型组合钢模板施工安装

(一) 55型组合钢模板施工准备

为了使组合式钢模板准确、顺利、安全、牢固地安装在设计位置，在正式安装前，应做好以下施工准备工作。

（1）支撑模板的土壤地面应事先夯实整平，并做好防水、排水设置，准备好支撑模板的垫木。

（2）模板要涂刷脱模剂。但对于凡是结构表面需要进行处理的工程，严禁在模板上刷油类脱模剂，以防止污染混凝土表面。

（3）在模板正式安装前，要向施工班组进行技术交底，并且做好工程样板，经监理和有关人员认可后，才能大面积展开。

（4）安装前，要做好模板的定位基准工作，其工作步骤是：

1）进行中心线和位置的放线，首先引测建筑的边柱或墙轴线，并以该轴线为起点，引出每条轴线；然后模板放线，根据施工图用墨线弹出模板的内边线和中心线，墙模板要弹出模板的边线和外侧控制线，以便于模板安装和校核。

2）做好模板安装位置标高的测量工作，用水准仪把建筑物水平标高根据实际标高的要求，直接引测到模板安装位置。

3）进行模板安装位置的找平工作，模板安装的底部应预先找平，以保证模板位置正确，防止模板底部漏浆。常用的找平方法是沿模板边线用1:3水泥砂浆抹找平层，如图4-11（a）所示。另外，在外墙、外柱部位，继续安装模板前，要设置模板承垫条带，如图4-11（b）所示，并校正其平直。

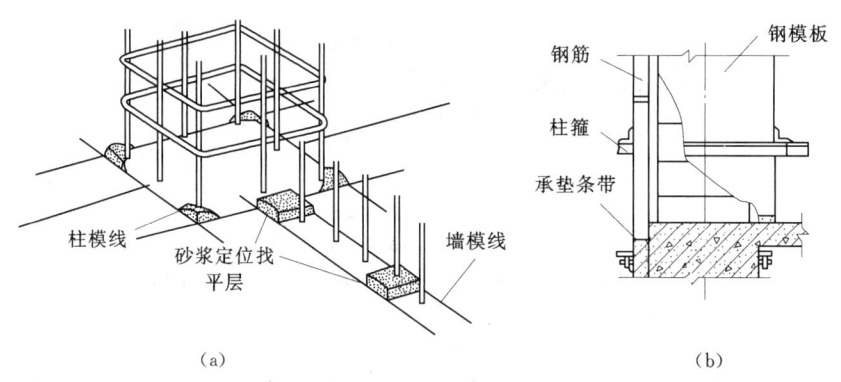

图4-11 墙、柱模板找平
(a) 砂浆找平层；(b) 外柱外模板设承垫条带

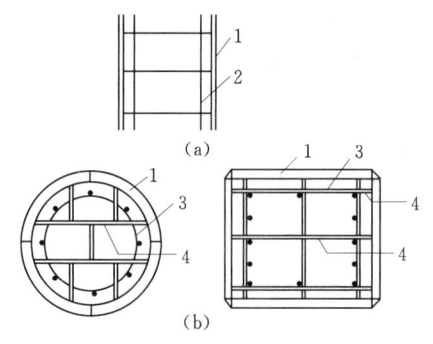

图4-12 钢筋定位示意图
(a) 墙体梯子支撑筋；(b) 柱井字套箍支撑筋
1—模板；2—梯形筋；3—箍筋；4—井字支撑筋

4）设置模板定位的基准。传统的方法是按照构件的断面尺寸，先用同强度等级的细石混凝土浇筑50～100mm的导墙，作为模板定位的基准，另一种做法是采用钢筋定位，即墙体模板可根据结构断面尺寸，切割一定长度的钢筋焊成定位梯子支撑筋，绑（焊）在墙体的两根竖向钢筋上，如图4-12（a）所示，起到支撑的作用，间距为1200mm左右，柱子模板可在基础和柱子模板上部用钢筋焊成井字形套箍，用来撑住模板并固定竖向钢筋，也可在竖向钢筋靠模板一侧焊一短钢筋，以保持钢筋与模板的位置固定，如图4-12（b）所示。

5) 按照施工所需要的模板及配件，对其规格、数量和质量逐项清点检查，未经修复的部件不得使用。

6) 采取预组装模板施工时，预组装工作应在组装平台或经夯实的地面上进行，其组装的质量标准应达到表 4-2 中的要求，并按要求逐块进行试吊，试吊后再进行复查，并检查配件的数量、位置和紧固情况，不合格的不得用于工程。

表 4-2　　　　　　　　　钢模板施工组装质量标准表　　　　　　　　　单位：mm

项　　目	允许偏差	项　　目	允许偏差
两块模板之间拼接缝隙	≤2.0	组装模板板面长宽尺寸	≤长度和宽度的 1/100，最大±4.0
相邻模板面的高低差	≤2.0	组装模板两条对角线长度差值	≤对角线长度的 1/100，最大≤7.0
组装模板板面平整度	≤2.0（用 2m 长平尺检查）		

7) 经检查合格的模板，应当按照安装程序进行堆放或装车运输。当采用重叠平放形式时，每层模板之间应当加设垫木，为使力的传递垂直，模板和木垫块都应当上下对齐，底层模板应离开地面不小于 10cm。在进行运输时，要避免模板碰撞，防止产生倾倒，应采取措施保证稳固。

8) 模板安装前应做好安装准备：①向施工班组进行技术交底，并且做好工程样板，经监理、有关人员认可后，再大面积展开；②支撑支柱的土壤地面，应事先夯实整平，并做好防水、排水设置，准备支柱底垫木；③竖向模板安装的底面应平整坚实，并采取可靠地定位措施，按施工设计要求预埋支撑锚固件。

（二）钢模板安装固定

组合式钢模板的安装固定主要包括钢模板安装的基本要求和刚模板安装的操作工艺。

1. 钢模板支设安装应遵守的规定

(1) 按配板设计循序拼装，以保证模板系统的整体稳定。

(2) 配件必须装插牢固。支柱和斜撑下的支撑面应平整垫实，要有足够的受压面积，支撑件应着力于外钢楞。

(3) 预埋件与预留孔洞必须位置准确、安设牢固。

(4) 基础模板必须支撑牢固，防止变形，侧模斜撑的底部应加设垫木。

(5) 墙和柱子模板的底面应找平，下端应与事先做好的定位基准靠紧垫平，在墙、柱子上继续安装模板时，模板应有可靠的支撑点，其平直度应进行校正。

(6) 楼板模板支模时，应事先完成一个合格的水平支撑及斜撑安装，再逐渐向外扩展，以保持支撑系统的稳定性。

(7) 预组装墙模板吊装就位后，下端应垫平，紧靠定位基准；两侧模板均应利用斜撑调整和固定其垂直度。

(8) 支柱所设的水平撑与剪力撑，应按构造与整体稳定性布置。

(9) 多层支设支柱时，上下应设置在同一竖向中心线上，下层楼板应具有承受上层荷载的承载能力或加设支架支撑。下层支架的立柱应铺设垫板。

2. 模板安装应符合的基本要求

(1) 同一条拼缝上的 U 形卡，不宜向同一方向卡紧。

(2) 墙模板的对拉螺栓孔应平直相对,穿插螺栓不得斜拉硬顶。钻孔应使用机具,严禁采用电、气焊灼孔。

(3) 钢楞宜采用整根杆件,接头应错开设置,搭接长度不应少于 200mm。

(4) 对于现浇混凝土梁或板,当其跨度不小于 4m 时,模板应按设计要求起拱;当设计中无具体要求时,起拱的高度宜为其跨度的 1/1000~3/1000。

(5) 曲面混凝土结构可采用曲面可调模板,当采用平面模板组装时,应使模板面与设计曲面的最大差值不得超过设计的允许值。

(6) 在进行合模之前,要检查构件竖向接槎处面层混凝土是否已经凿毛处理,是否达到设计要求。

(7) 钢模板的支设方法有两种,即单块就位组拼(散装)和预组拼。当采用预组拼方法时,必须具备相应的吊装设备和较大的拼装场地。

(三) 钢模板安装的工艺要点

组合式钢模板可以任意进行组装,用于多种不同的混凝土结构施工,但不同的混凝土结构,钢模板安装的操作工艺各不相同。

1. 柱模板安装

(1) 柱模板安装的操作工艺。

1) 保证柱子模板的长度要符合模数,不符合模数要求的部分应放在节点部位处理;或以梁底标高为准,由上往下进行配模,不符合模数要求的部分应放在柱子根部位处理;柱子的高度在 4m 及 4m 以上时,一般应四面支撑。当柱子高度超过 6m 时,不宜单根柱子进行支撑,应将几根柱子同时支撑连成构架。

2) 柱子模板根部要用水泥砂浆堵严,防止浇筑混凝土时跑浆;柱子模板的浇筑口和清理口,在配置模板时应一并考虑留出。

3) 梁和柱子模板分两次安装时,在柱子混凝土达到拆模强度时,最上部一段柱子模板先保留不拆,以便于与梁模板进行连接。

4) 柱子模板的清渣口应留置在柱脚的一侧,如果柱子的断面较大,为了便于内部的清理,也可以考虑两面留置,但在清理完毕后,必须立即封闭。

5) 柱子模板安装就位后,立即用四根支撑或有张紧器花篮螺栓的缆风绳与柱子顶四角拉结,并校正其中心线位置和垂直度,如图 4-13 所示,经全面检查合格后,再群体固定。

(2) 柱模板安装步骤。柱模板安装按下述步骤进行:

1) 根据施工图,在基础面上标出柱轴线和柱边线。如果是一排柱子,先标出两端柱的轴线和边线,然后拉通线,确定中间柱子的轴线和边线。

2) 柱子使用组合钢模板时,模板应纵向错缝排列。如果柱子高度不符合钢模板模数,用木模镶补。当柱模高度大于 2m 时,应考虑留卸

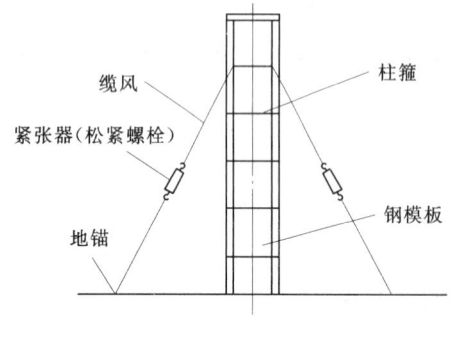

图 4-13 校正柱模板

料孔口。

3）为了抵抗混凝土侧压力，模板外面设柱箍。柱箍的间距一般为 0.4~0.8m，在柱模下部间距小些，在上部间距可以大些。柱子断面尺寸大于 500mm 时，设竖向围令；柱子断面尺寸大于 600mm 时，宜增设对拉螺栓固定。

4）在柱模上端挂线锤，检查两个方向的铅垂度。

5）模板校准后，及时用支撑固定。柱子之间用水平撑或剪刀撑相互牵牢，或设排架连接，防止柱模发生位移、偏斜。

2. 梁模板

(1) 梁模板安装的操作工艺。

1）梁柱接头模板的连接特别重要，往往是此类工程施工成败的关键，一般可按照图 4-14 和图 4-15 所示的方法处理，或者用专门加工的梁柱接头模板。

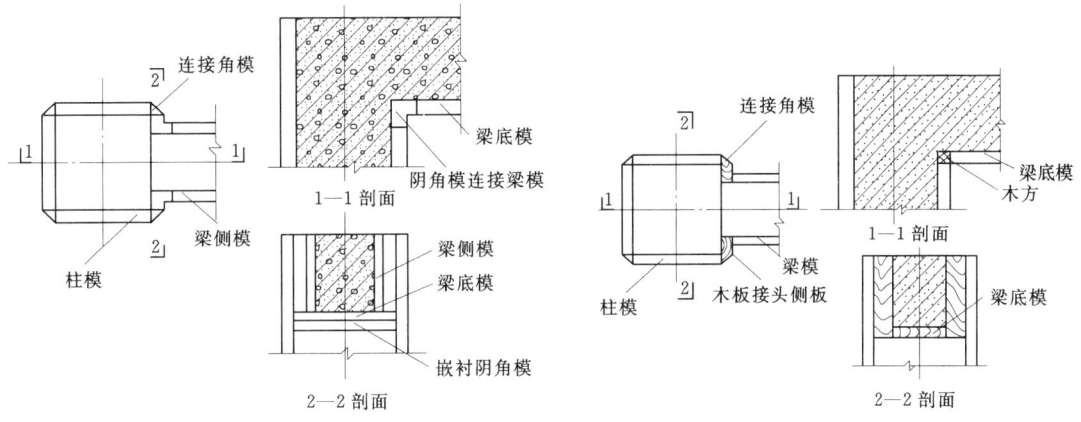

图 4-14　柱顶梁口采用嵌补模板　　　　图 4-15　柱顶梁口采用方木镶拼

2）梁模板支柱的设置，必须经过模板设计计算后决定，一般情况下采用双支柱时，间距以 60~100cm 为宜。

3）模板支柱纵横方向设置的水平拉杆和剪刀撑等，均应按设计要求布置；一般工程当设计中无规定时，纵横方向水平拉杆的上下间距不宜大于 1.5m，纵横方向垂直剪刀撑的间距不宜大于 6.0m；跨度大和楼层高的工程，必须进行认真的设计和计算，尤其是对支撑系统的稳定性必须进行结构计算，按照设计要求精心施工。

4）当梁模板安装采用扣件式钢管脚手架或碗扣式钢管脚手架作为支架时，扣件一定要拧紧，杯口一定要紧扣，要复查扣件的扭力矩。横杆的步距要按设计要求设置。当采用桁架支模时，要按事先设计的要求设置，要考虑桁架的横向上下弦要求设置水平连接，拼接桁架的螺栓一定要拧紧，数量一定要满足要求。

5）由于空调等各种设备管道安装方面的要求，需要在模板上预留孔洞，应尽量使穿梁的管道孔分散。

6）管道的间距应大于梁的高度，穿梁管道孔的位置应设置在梁中，如图 4-16 所示。

(2) 梁模板安装的步骤。

1）标出梁轴线及梁底高程。

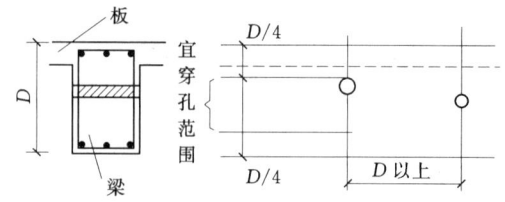

图 4-16 穿梁管道孔洞设置的高度范围

2) 用钢管搭设支撑排架。顶梁轴线方向设两排立柱,立柱下端垫一对木模,便于调整梁底标高,泥土地面应铺垫板。立柱间距 1.0m 左右,立柱高度方向按 1.2～1.5m 的间距布置水平系杆。排架两侧杆设斜撑,以加强稳定。排架顶部横杆跨中比两端稍高些,以满足梁模拱的要求。

3) 先拼装底模,检查底模中心线与梁轴线是否相符,梁底高程是否符合设计要求,再装侧模。如果梁截面高度比较大,可以先装一面侧模,等钢筋绑扎后再装另一面侧模。模板也可以在地面组装,吊装就位。当梁高大于 600mm,侧模应布置对拉螺栓,并增加侧模斜撑。

4) 检查模板上口间距,模板内侧用方木,临时混凝土浇筑结束之前取出方木。梁模板也可用钢管支柱和钢架支撑。楼板模板支撑与梁模板支撑类似,用排架或钢管架支撑。

3. 墙体模板安装的操作工艺

(1) 在组装墙体模板时,要使两侧穿孔的模板对称放置,并确保孔洞对准,以使穿墙螺栓与墙体模板保持垂直。

(2) 相邻模板边肋连接所用的 U 形卡,其间距不得大于 300mm,预组装模板接缝处宜满上。

(3) 预留门窗洞口的模板应有一定锥度,安装一定要牢固,保证既不变形,又便于拆除。

(4) 墙体模板上预留的小型设备的孔洞,当遇到钢筋时,应设法确保钢筋位置准确,不得将钢筋挤向一侧,如图 4-17 所示,影响混凝土墙体结构的受力状态。

墙体模板优先采用预组装的大块模板,这种模板必须有良好的刚度,以便于模板的整体安装、拆除和运输。

(5) 墙体模板的上口必须在同一水平面上,严格防止墙体的标高不一致。

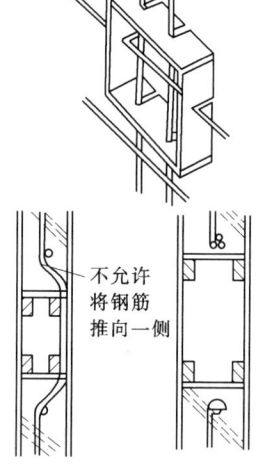

图 4-17 墙体模板上设备孔洞模板做法

4. 楼板模板安装的操作工艺

(1) 当楼板模板采用立柱做支架时,从边跨一侧开始逐排安装立柱,并同时安装外侧钢楞(大龙骨)。立柱和外钢楞的间距,应根据模板设计计算决定,一般情况下立柱与外钢楞的间距为 600～1200mm,内钢楞(小龙骨)的间距为 400～600mm。待调平后即可铺设模板。

(2) 在模板铺设完毕经标高校正后,立柱之间应加设水平拉杆,以提高立柱的稳定性和模板支架的整体性,具体的道数应根据立柱的高度决定。一般情况下离地面 200～300mm 处设置一道,往上纵横方向每隔 1.6m 左右设置一道。

(3) 当采用桁架做支架结构式时,一般是预先支好梁和墙体的模板,然后将桁架按模板设计要求,支设在梁侧面模板通长的型钢或方木上,调平并固定后再铺设模板。梁和楼板桁架支模板，如图 4-18 所示。

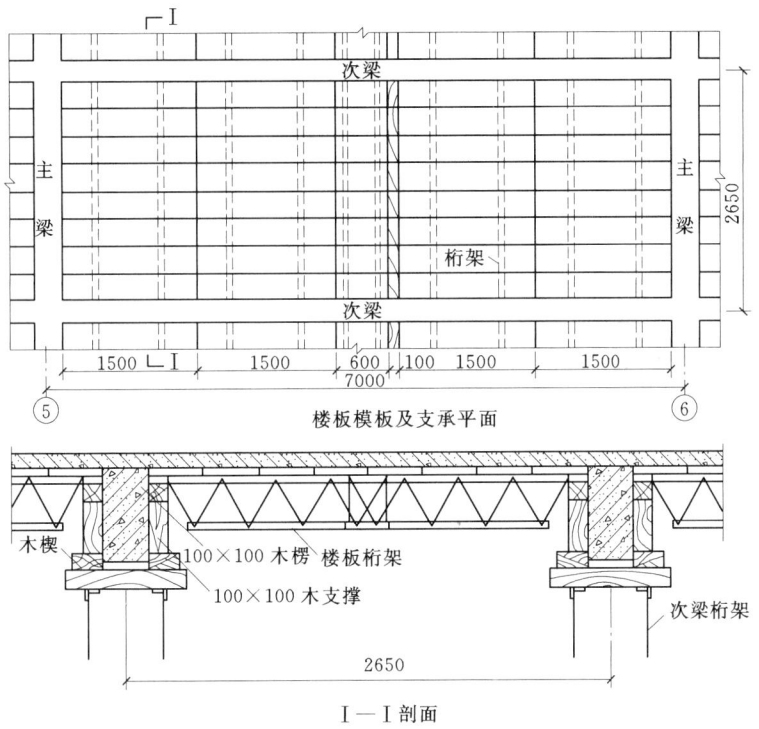

图 4-18 梁和楼板桁架支模板示意图

（4）当楼板模板采用单块就位组装时，每个节点应从四周先用阴角模板与墙体、梁模板连接，然后再向中间进行铺设。相邻模板的边肋应按设计要求用 U 形卡连接，也可以用钩头螺栓与钢楞连接，还可以用 U 形卡将模板预组装成大块，然后再吊装铺设。

（5）当采用钢管脚手架作为支撑时，在立柱的高度方向每隔 1.2～1.3m 设置一道双向水平拉杆，以增强其刚度和稳定性。

（6）为提高楼板模板的周转效率，要优先采用支撑系统的快拆体系。

5. 楼梯模板安装的操作工艺

（1）楼梯模板与前几种模板相比，其构造是比较复杂的，常见的楼梯模板有板式和梁式两种，它们的支模工艺基本相同。

（2）在楼梯模板正式安装前，应根据施工图和实际层高进行放样，首先安装休息平台梁模板，再安装楼梯模板斜楞，然后铺设楼梯的底模，安装外邦侧模板和踏步模板。安装模板时要注意斜向支柱固定牢固，防止浇筑混凝土时模板产生移动。楼梯模板安装，如图 4-19 所示。

三、钢模板工程安装质量检查及验收

（一）钢模板工程安装质量检查和验收的内容

（1）钢模板的布局和施工顺序。

（2）连接件、支承件的规格、质量和紧固情况。

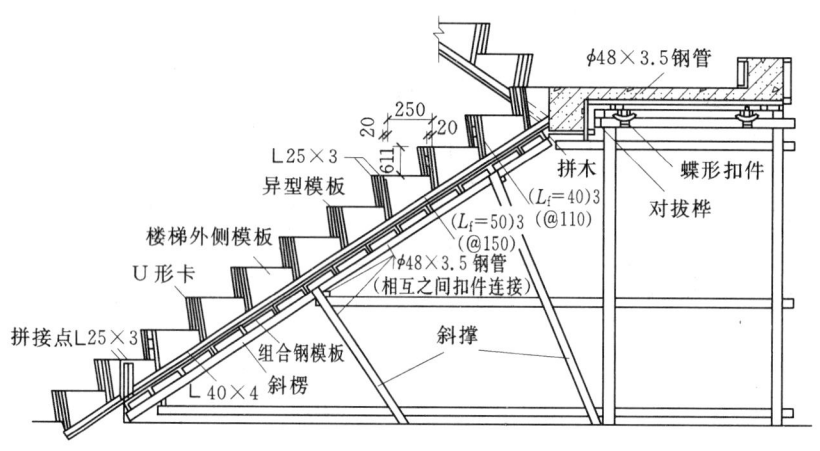

图 4-19 楼梯模板安装

(3) 支承着力点和模板结构整体稳定性。
(4) 模板轴线位置和标志。
(5) 竖向模板的垂直度和横向模板的侧向弯曲度。
(6) 模板的拼缝度和高低差。
(7) 预埋件和预留孔洞的规格数量及固定情况。
(8) 扣件规格与对拉螺栓、钢楞的配套和紧固情况。
(9) 支柱、斜撑的数量和着力点。
(10) 对拉螺栓、钢楞与支柱的间距。
(11) 各种预埋件和预留孔洞的固定情况。
(12) 模板结构的整体稳定。
(13) 相关安全措施。

(二) 模板工程验收应提供的文件

(1) 模板工程的施工设计或有关模板排列图和支承系统布置图。
(2) 模板工程质量检查记录及验收记录。
(3) 模板工程支模的重大问题及处理记录。

(三) 施工安全要求

模板安装时,应切实做好安全工作,应符合以下安全要求:

(1) 模板上架设的电线和使用的电动工具,应采用36V的低压电源或采取其他有效的安全措施。

(2) 登高作业时,各种配件应放在工具箱或工具袋中,严禁放在模板或脚手架上;各种工具应系挂在操作人员身上或放在工具袋内,不得掉落。

(3) 高耸建筑施工时,应有防雷击措施。

(4) 高空作业人员严禁攀登组合钢模板或脚手架等上下,也不得在高空的墙顶、独立梁及其模板等上面行走。

(5) 模板的预留孔洞、电梯井口等处,应加盖或设置防护栏,必要时应在洞口处设置安全网。

(6) 装拆模板时，上下应有人接应，随拆随运转，并应把活动部件固定牢靠，严禁堆放在脚手板上和抛掷。

(7) 装拆模板时，必须采用稳固的登高工具，高度超过 3.5m 时，必须搭设脚手架。装拆施工时，除操作人员外，下面不得站人。高处作业时，操作人员应挂上安全带。

(8) 安装墙、柱模板时，应随时支撑固定，防止倾覆。

(9) 预拼装模板的安装，应边就位、边校正、边安设连接件，并加设临时支撑稳固。

(10) 预拼装模板垂直吊运时，应采取两个以上的吊点；水平吊运应采取四个吊点。吊点应作受力计算，合理布置。

(11) 预拼装模板应整体拆除。拆除时，先挂好吊索，然后拆除支撑及拼接两片模板的配件，待模板离开结构表面后再起吊。

(12) 拆除承重模板时，必要时应先设立临时支撑，防止突然整块坍落。

四、钢模板拆除及维修工作

（一）模板拆除程序和方法

混凝土浇筑后经过一段时间的养护，达到一定强度就应拆除模板，这样便于模板周转使用和相邻部位的混凝土施工。钢模板的拆除工作也是混凝土结构施工中的重要工序，如果拆除时间和拆除方法不当，不仅会损坏混凝土结构的表面和棱角，还会造成对钢模板的损伤。因此，在钢模板的拆除过程中，应当注意以下事项：

(1) 钢模板拆除的顺序和方法，应当按照模板组装和拆除设计的规定，遵循"先支后拆，先非承重部位、后承重部位、自上而下"的原则。拆除模板时，严禁用大锤和撬棍硬砸硬撬。

(2) 当混凝土的强度大于 $1N/mm^2$ 时，先拆除侧面模板；承重模板的拆除，必须等混凝土达到设计规定的强度后才能进行。

(3) 组合式的大模板宜大块整体拆除，一般不得再拆开拆除，大模板拆除要配备相应的吊装机械。

(4) 钢模板的支承件和连接件应逐渐拆卸，模板应按顺序逐块拆卸传递，拆除过程中不得损伤模板和混凝土。

(5) 拆下的钢模板和各种配件，均应分类堆放整齐，附件应放在工具袋内。有条件的单位，对拆下的模板和配件应及时进行维修和保养。

模板拆除工作应由支模人员进行，因为他们对模板的构造和安装顺序比较熟悉，拆起来比较顺手。拆除的程序具体为：拆除对拉螺栓→拆除支撑钢→脱模吊运→模板清理→涂刷隔离剂→堆放备用。

拆卸高处组合钢模板时，应使用绳索逐块下放，模板连接件、支撑件及时清理，收捡归堆。高空拆模要特别注意安全，必要时，在模板旁边搭设拆模用的脚手架。大型模板拆除时，应先挂好吊钩，后松动锚固螺栓。拆除承重模板，应避免整块突然坍塌，必要时，先设临时支撑。

（二）拆模时间

拆模时间由结构的特点和混凝土所达到的强度决定。

1. 非承重模板拆模时间

非承重侧面模板，混凝土强度达到 2.5MPa 以上，能保证混凝土表面及棱角不因拆模而损坏时，才能拆除。一般需 2～7 天，夏天 2～4 天，冬天 5～7 天，混凝土表面质量要求高的部位，拆模时间宜晚一点。

2. 承重模板拆模时间

钢筋混凝土结构的承重模板，混凝土强度达到下列规定值（按混凝土设计强度等级的百分率计算），才能拆除：

（1）悬臂梁、板：跨度不大于 2m，70%；跨度大于 2m，100%。

（2）其他梁、板、拱：跨度不大于 2m，50%；跨度 2～8m，70%；跨度大于 8m，100%。

如果需要预先估计模板拆模时间，见表 4-3。

表 4-3　　拆模时间估计参考值

按设计强度的百分率计/%	水泥		硬化时昼夜的平均温度/℃					
	品种	强度等级	5	10	15	20	25	30
			模板拆除期限/d					
50	普通水泥	32.5	12	8	6	5	4	3
		42.5	10	7	6	5	4	3
	矿渣水泥	32.5	21	13	10	8	6	5
		42.5	18	12	10	9	7	6
70	普通水泥	32.5	21	20	14	10	9	7
		42.5	20	14	11	9	7	6
	矿渣水泥	32.5	32	25	18	14	11	9
		42.5	30	21	16	14	12	10
100	普通水泥	32.5	55	45	35	28	21	18
		42.5	50	40	30	28	20	18
	矿渣水泥	32.5	60	50	40	28	24	20
		42.5	60	50	40	28	24	20

3. 洞顶拱模板拆除时间

当隧洞围岩稳定，顶拱混凝土强度达到设计强度等级的 40%～50% 时，顶拱模板才能拆除。在有计算及实验论证的情况下，拆模时间可适当提前。

（三）模板维修和保管

1. 维修

（1）钢模板和配件拆除后，应及时清除黏结的灰浆，对变形和损坏的模板和配件，宜采用机械整形和清理。钢模板及配件修复后的质量标准，见表 4-4。

表4-4　　　　　　　　　　钢模板及配件修复后的质量标准

项 目		允许偏差/mm
钢模板	板面平整度	≤2.0
	凸棱直线度	≤1.0
	边肋不直度	不得超过凸棱高度
配件	U形卡卡口残余变形	≤1.2
	钢楞和支柱不直度	≤L/1000

注　L为钢楞和支柱的长度。

（2）维修质量不合格的模板及配件，不得使用。

2. 保管

（1）对暂不使用的钢模板，板面应涂刷脱模剂或防锈油。背面油漆脱落处，应补刷防锈漆，焊缝开裂时应补焊，并按规格分类堆放。

（2）钢模板宜存放在室内或棚内，板底支垫离地面100mm以上。露天堆放，地面应平整坚实，有排水措施模板底支垫离地面200mm以上，两点距模板两端长度不大于模板长度的1/6。

项目2　中型组合钢模板

中型组合钢模板是针对55型组合钢模板而言，一般模板的肋高有70mm、75mm等，模板规格尺寸也比55型加大，采用的薄钢板厚度也加厚，这样使模板的刚度增大。本节内容主要介绍G-70组合钢模板。

该模板是近几年推广应用建筑模板及支撑新技术的实践下，在分析综合钢框胶合板模板和小钢模及整体大模板的特点基础上，研究开发的一种新产品，又称G-70组合钢模板。

一、组成

1. 模板块

全部采用厚度2.75～3mm厚优质薄钢板制成；四周边肋呈L形，高度为70mm，弯边宽度为20mm，模板块内侧，每300mm高设一条横肋，每150～200mm设一条纵肋。模板边肋及纵、横肋上的连接孔为蝶形，孔距为50mm，采用板销连接，也可以用一对楔板或螺栓连接。

模板块基本规格：标准块长度有1500mm、1200mm、900mm 3种，宽度有600mm、300mm 2种，非标准块的宽度有250mm、200mm、150mm、100mm 4种，总共18种规格。平面模板块和角模、连接角钢、调节板的规格分别见表4-5、表4-6。

表4-5　　　　　　　　　　G-70组合钢模平面模板块规格

代号	规格（宽×长）/(mm×mm)	有效面积/m²	重量/kg	
			$\delta=3mm$	$\delta=2.75mm$
7P6009	600×900	0.54	23.28	21.34
7P6012	600×1200	0.72	30.61	28.06
7P6015	600×1500	0.90	37.92	34.76

续表

代号	规格 (宽×长)/(mm×mm)	有效面积/ m²	重量/kg	
			$\delta=3mm$	$\delta=2.75mm$
7P3009	300×900	0.27	13.42	12.30
7P3012	300×1200	0.36	17.67	16.20
7P3015	300×1500	0.45	21.93	20.10
7P2509	250×900	0.225	11.16	10.23
7P2512	250×1200	0.30	14.76	13.53
7P2515	250×1500	0.375	18.35	16.82
7P2009	200×900	0.18	8.38	7.68
7P2012	200×1200	0.24	11.07	10.15
7P2015	200×1500	0.30	13.78	12.63
7P1509	150×900	0.135	6.97	6.39
7P1512	150×1200	0.18	9.23	8.46
7P1515	150×1500	0.225	11.48	10.52
7P1009	100×900	0.09	5.61	5.14
7P1012	100×1200	0.12	7.43	6.81
7P1015	100×1500	0.15	9.26	8.49

表 4-6　　角模、连接角钢、调节板规格

名称	代号	规格/ (mm×mm)	有效面积/ m²	重量/kg	
				$\delta=3mm$	$\delta=2.75mm$
阴角模	7E1059	150×150×900	0.27	11.06	10.14
阴角模	7E1512	150×150×1200	0.36	14.64	13.42
阴角模	7E1515	150×150×1500	0.45	18.20	16.69
阳角模	7Y1509	150×150×900	0.27	11.62	10.65
阳角模	7Y1512	150×150×1200	0.36	15.30	14.07
阳角模	7Y1515	150×150×1500	0.45	19.00	17.49
铰链角模	7L1506	150×150×600	0.18	11.00 ($\delta=4\sim5mm$)	
铰链角模	7L1509	150×150×900	0.27	16.38 ($\delta=4\sim5mm$)	
可调阴角模	TE2827	280×280×2700	1.35	63.00 ($\delta=4mm$)	
可调阴角模	TE2830	280×280×3000	1.50	70.00 ($\delta=4mm$)	
L形调节板	7T0827	74×80×2700	0.135	15.36 ($\delta=5mm$)	
L形调节板	7T1327	74×130×2700	0.27	20.87 ($\delta=5mm$)	
L形调节板	7T0830	74×80×3000	0.15	17.07 ($\delta=5mm$)	
L形调节板	7T1330	74×130×3000	0.30	23.20 ($\delta=5mm$)	
连接角钢	7J0009	70×70×900		4.02 ($\delta=4mm$)	
连接角钢	7J0012	70×70×1200		5.33 ($\delta=4mm$)	
连接角钢	7J0015	70×70×1500		6.64 ($\delta=4mm$)	

2. 模板配件

G-70组合钢模板的配件，见图4-20，规格见表4-7。

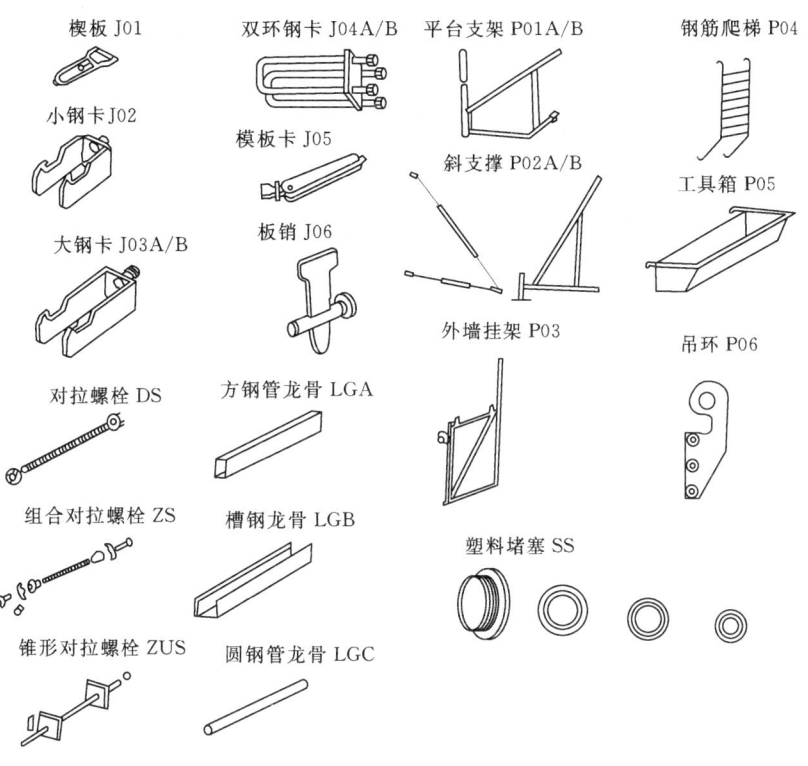

图 4-20 G-70 组合钢模板配件

表 4-7　　　　　　　　　　　G-70 组合钢模板配件规格

名称	代号	规格/mm	重量/kg
楔板	J01	1 对楔板	0.13
小钢卡	J02	卡 φ48	0.44
大钢卡	J03A	卡 2φ48 或 □50×100	0.64
大钢卡	J03B	卡 8 号槽钢	0.60
双环钢卡	J04A	卡 2□50×100	2.40
双环钢卡	J04B	卡 2 个 8 号槽钢	1.70
模板卡	J05		0.13
板销	J06	1 个楔板、1 个销键	0.11
平台支架	P01A	40×40 方钢管	11.07
平台支架	P02B	50×26 槽钢	13.10
斜支撑	P02A	φ60 钢管 1 底座 2 销轴卡座	30.64
斜支撑	P02B	50φ26 槽钢	12.82
外墙挂架	P03	8 号槽钢 φ48 钢管 T25 高强螺栓	65.84
钢爬梯	P04	φ16 钢筋	18.42
工具箱	P05	3 厚钢板	26.80

续表

名称	代号	规格/mm	重量/kg
吊环	P06	8厚、ϕ12螺栓3个	1.38
对拉螺栓	DS2570	T25，$L=700$mm	3.35
对拉螺栓	DS2270	T22，$L=700$mm	3.00
组合对拉螺栓	ZS1670	M16，$L=650$mm	2.14
锥形对拉螺栓	ZUS3096	$\phi 26\sim 30$，$L=965$mm	7.12
锥形对拉螺栓	ZUS3081	$\phi 26\sim 30$，$L=815$mm	6.29
塑料堵塞	SS25	$\phi 25$	1（500个）
塑料堵塞	SS18	$\phi 18$	
塑料堵塞	SS16	$\phi 16$	
方钢管龙骨	LGA	□50×100，L按需要	6.6（每米）
槽钢龙骨	LGB	8号槽钢，L按需要	8.04（每米）
圆钢管龙骨	LGC	$\phi 48$，L按需要	3.84（每米）

3. 楼（顶）板模板早拆支撑体系

楼（顶）板模板早拆支撑体系既能用于G-70组合钢模板，又能用于小钢模、SP-70钢框胶合板模板、竹（木）胶合板模板和模壳密肋梁模板。多功能早拆柱头，适用于不同厚度的模板，不同高度的模板梁。早拆支撑配件，如图4-21所示，其规格见表4-8。

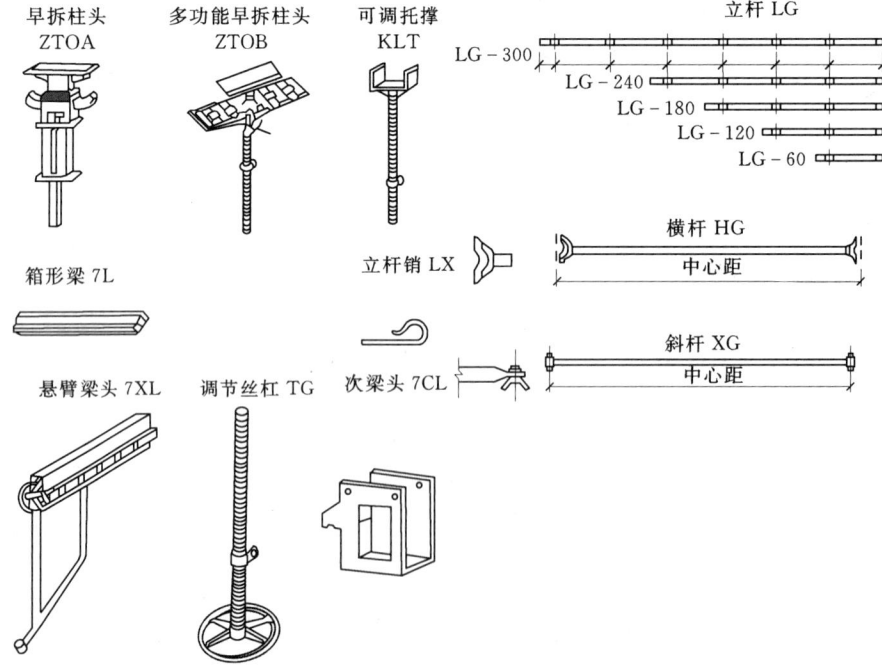

图4-21 G-70组钢模板早拆支撑配件

表 4-8　　柱模及早拆支撑配件规格

名称	代号	规格/mm	重量/kg
早拆柱头	ZTOA	70 型	4.26
多功能早拆柱头	ZTOB	多功能型	7.83
箱形主梁	7L185	柱心距 1850	14.10
箱形主梁	7L155	柱心距 1550	11.95
箱形主梁	7L125	柱心距 1250	9.70
箱形主梁	7L095	柱心距 950	7.53
悬臂梁头	7XL	70 型	5.90
次梁头	7CL	70 型	0.85
调节丝杠	TG060A	T38, $L=760$	6.90
调节丝杠	TG060B	T36, $L=760$	6.13
调节丝杠	TG050A	T38, $L=660$	6.10
调节丝杠	TG050B	T38, $L=660$	5.47
调节丝杠	TG030A	T38, $L=460$	4.70
调节丝杠	TG030B	T36, $L=460$	4.19
可调托撑	KLT300	可调范围 0~300	6.10
可调托撑	KLT600	可调范围 0~600	8.35
立杆	LG300	有效 $L=3000$	16.68
立杆	LG240	有效 $L=2400$	13.45
立杆	11G180	有效 $L=1800$	10.35
立杆	LG120	有效 $L=1200$	7.20
立杆	LG060	有效 $L=600$	4.00
横杆	HG185	心距 1850	7.46
横杆	HG155	心距 1550	6.32
横杆	HG125	心距 1250	5.16
横杆	HG95	心距 950	3.95
横杆	HG65	心距 650	2.78
斜杆	XG300	心距 3000 2400×1800	13.10
斜杆	XG258	心距 2581 1850×1800	11.46
斜杆	XG220	心距 2205 1850×1200	10.00
斜杆	XG237	心距 2375 1550×1800	10.70
斜杆	XG196	心距 1960 1550×1200	9.10
斜杆	XG173	心距 1733 1250×1200	8.20
立杆销	LX	$\phi 10$	0.125

二、特点

(1) G-70组合钢模板由于采用了2.75～3mm厚钢板制成,肋高为70mm,因此刚度大,能满足侧压力50kN/m²的要求;模板接缝严密,浇筑的混凝土表面平整光洁,能达到清水混凝土的要求。

(2) 用于楼板模板采用早拆支撑体系时,与常规支撑体系相比,其模板用量节省66%,支撑用量节省44%,综合用工节省58.4%。

(3) G-70组合钢模板边肋增加卷边,提高了模板的刚度;采用板销,使模板连接方便,接缝严密;采用早拆柱头和多功能早拆柱头,实现立柱与模板的分离,达到早期拆模的目的。

三、施工工艺

G-70组合钢模板的安装施工工艺与早拆体系钢框胶合板模板基本相同;对模板安装和拆除的要求以及维修、保管等内容可参见"55型组合钢模板"有关内容。

项目3 梁模板安装实训

一、实训任务

工作任务:制作截面为250mm×500mm,长为1.2m的钢筋混凝土梁模板,如图4-22所示。

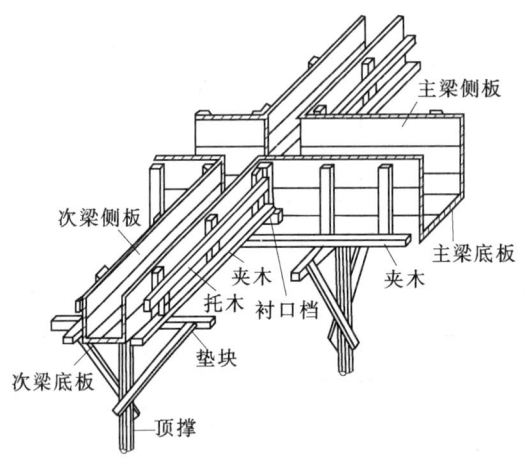

图4-22 钢筋混凝土梁模板示意图

二、实训目标

1. 知识目标和能力目标

(1) 熟悉模板安装的安全技术要求,能正确准备、使用个人劳动防护用品。

(2) 能计算材料及工具的用量,编制材料需用量计划,正确进行模板材料、安装工具、施工场地的准备工作。

(3) 熟悉梁模板的基本组成与构造,掌握梁模板的安装和拆除施工工艺。

(4) 了解模板工程的质量通病,能分析其原因并提出相应的防治措施和解决办法。熟悉模板工程检查验收内容，能按照相关标准进行自检和互检。

2．情感目标

(1) 培养团队合作精神，养成严谨的工作作风。

(2) 做到安全施工、文明施工。

三、理论知识准备

(1) 梁模板的组成与构造。

(2) 梁模板的搭设与拆除。

(3) 梁模板制作安装的安全技术要求。

(4) 模板的检查、验收。

四、实训重点

(1) 模板制作的材料、工具的准备与验收。

(2) 模板制作、安装与拆除的施工工艺。

(3) 安全操作及规范要求。

五、实训难点

(1) 梁模板的截面尺寸控制。

(2) 梁模板的平直度及起拱。

(3) 梁模板的稳定性、坚固性。

六、计算材料用量

绘制所需模板的大样，并写出所需的数量。

七、实训施工准备

(1) 了解梁模板的构造和施工注意事项。

(2) 对照模板图和任务书，完成梁模板安装的工作计划。

(3) 完成梁模板配板设计，提出材料计划。

(4) 提出梁模板制作实训的工具计划。

八、搭设步骤

梁模板安装一般工序具体为：弹出梁轴线及水平线并复核→搭设梁模支架→安装梁底钢（木）模条或梁卡具→安装梁底模板→梁底起拱→安装侧梁模→安装另一侧梁模→安装上下锁口擦条、斜撑及腰模和对拉螺栓→复核梁模尺寸、位置→与相邻模板连固。

九、质量要求

(1) 梁、板模板应通过设计确定擦条、支柱的尺寸及间距，使模板支撑系统有足够承载力、刚度和稳定性，防止浇筑混凝土时模板沉降。

(2) 模板应有足够的刚度，不产生过大的变形，防止爆模，产生位移。

(3) 模板应拼缝严密，防止漏浆。

(4) 梁模用木模时，不应采用黄花松或其他易变形的木材制作，并应在混凝土浇筑前充分用水浇透。

十、实训考核验收

梁模板安装实训考核验收表

实训项目	梁模板		实训时间		实训地点	
姓名			班级		指导教师	
成绩						

序号	检验内容		要求及允许偏差	检验方法	验收记录	配分	得分
1	工作程序		正确的搭、拆程序	巡查		10	
2	轴线位置		允许偏差±5mm	尺量检查		10	
3	模板上表面标高		±10mm	尺量检查		5	
						5	
4	截面内部尺寸	边长	±10mm	尺量检查		5	
		对角线				5	
5	表面平整度与相邻模板高低差		±6mm	2m靠尺或塞尺		10	
6	模板拼缝		严密	检查		10	
7	模板的稳固性		稳定	检查		10	
8	安全施工		安全设施到位	巡查		5	
			没有危险动作	巡查		5	
9	文明施工		工具完好、场地整洁	巡查		5	
	施工进度		按时完成	巡查		5	
10	团队精神		分工协作	巡查		5	
	工作态度		人人参与	巡查		5	

梁模板安装学生工作页

实训项目		实训时间		实训地点	
姓名		班级		指导教师		成绩	

知识要点	评分权重30%	得分：
1. 梁模板体系由哪些构件组成		
2. 梁模板起拱的作用是什么		
3. 如何防止梁模爆模或过大的膨胀变形		

操作要领	评分权重50%	得分：
1. 记录模板安装工具		
2. 记录柱模板安装的材料		
3. 怎样调整梁模的平直度		
4. 怎样进行梁模板的定位		
5. 说明梁模板的安装工序		

操作心得	评分权重20%	得分：

项目 4　柱组合钢模板安装实训

一、实训任务
(1) 搭设截面尺寸 450mm×600mm、高 3m 的柱。
(2) 搭设底面积为 2m×2m、台阶高 300mm、台阶宽 350mm、柱 600mm×600mm 的独立柱基。
(3) 搭设长 3m、宽 0.3m、高 2m 左右的钢筋混凝土墙模。
(4) 搭设截面高 500~600mm、宽 250~300mm、长 4m 的矩形梁。

二、实训目标
1. 知识目标和能力目标
(1) 构件搭设训练以定型组合钢模板为主,学习拼板与连接方式。
(2) 支撑系统采用 $\phi48$ 脚手架钢管搭设。学会搭设方法、支撑要求。
(3) 在搭设支撑系统的同时,学习和领悟双排钢管脚手架的搭设程序及基本方法。
(4) 掌握梁、柱连接处的处理方法及校正加固方法。
(5) 掌握拉件的制作或选用,懂得对拉件的制作加工方法。
2. 情感目标
(1) 培养团队合作精神,养成严谨的工作作风。
(2) 做到安全施工、文明施工。

三、理论知识准备
(1) 梁、柱、墙和独立柱基模板的组成与构造。
(2) 梁、柱、墙和独立柱基钢模板的材料用量计算。
(3) 梁、柱、墙和独立柱基模板的受力分析。
(4) 钢模板安装时的安全技术要求。

四、实训重点
(1) 钢模板搭设材料与工具的准备与验收。
(2) 钢模板搭设与拆除施工工艺。

五、实训难点
(1) 钢模板搭设安全技术。
(2) 钢模板拆除程序及工艺要求。
(3) 钢模板稳定性、坚固性的控制。

六、计算材料用量
略。

七、实训施工要求
1. 柱模板搭设及柱箍的安装
(1) 柱模板采用定型组合钢模板拼装,角模连接。

(2) 柱箍采用短钢管夹或选用和改造钢木柱箍进行加固。间距按 600mm 一道。钢木柱箍每一道两个交错夹固。

(3) 柱子用线锤吊线后采用抛撑校正加固。如两组相临搭设时，采用钢管支撑体系横向加固校正（最好采用这种方法）。

(4) 钢木柱箍的加工制作见样品（已有）尺寸不适应的在师傅指导下进行改造（木枋上钻孔或在 $\phi 12$ 螺杆上加木块）。

2. 梁模板安装

(1) 确定立柱间距 1m，按脚手架搭设方式考虑，由师傅指导完成。

(2) 梁与柱的连接按两种情况考虑。①阴角模连接；②木板或木枋连接，注意与钢模板的固定方法。

(3) 先按梁底模，后按侧模，底模与侧模连接用连接角模连接，当底板尺寸不符合模数时，建议在梁底模中部适当位置留孔镶木板拼装。注意木板下应加模钢管支撑，防止脱落。

(4) 上口应拉通线校正并用钢管或钢木夹具锁口。锁口处应加设木内顶撑，防止梁上口变形。内顶撑夹在梁上口，便于浇筑混凝土时取掉。钢木夹具可选用成品加以适当改造。

3. 墙模板安装

(1) 墙模板采用定型组合钢模板，其对拉件形式有两种，可分别选用。一种为有止水片的，一种为对拉片不防水的（见实训中心内样品）。两种对拉片分别适用于地下室墙体和非防水墙体。

(2) 模板应错缝拼接，对拉件按 600～650mm 一道（横竖方向）。模板外侧采用钩头螺栓和蝶卡夹住 $\phi 48$ 钢管，横竖向间距 1.5m 左右一道加固，以提高模板的侧向刚度和整体性。

(3) 模板校正主要解决两个问题。首先是垂直度校正，其次是平整度和厚度。厚度用对拉件解决，一般按−5mm 考虑，垂直度可以在邻组的墙模板之间加钢管支撑系统将其校正固定。支撑系统如图 4-23 所示。

4. 独立柱基模板搭设

(1) 独立柱基模板搭设按两种方式进行：①利用第二阶一侧的钢模板按长方式架在下阶模板口上；②完全利用钢管抬起第二、三阶模板。

(2) 注意扣件与模板之间的接触方式，保证钢管和扣件在台阶混凝土表面。

(3) 采用钢管加固，除保证台阶正确外，应注意柱顶面的中心线控制。

(4) 柱脚处用模板搭设一段 450mm 左右高的模板用于固定柱钢筋骨架。

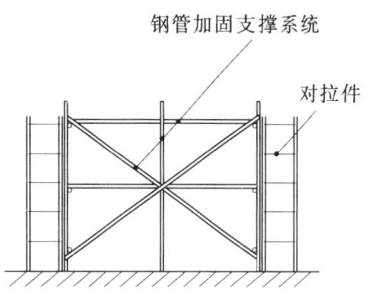

图 4-23 钢管支撑系统示意图

八、实训考核验收

模板架子工实训成绩考核表

班级：　　　　　　　　　　　　　组别：

序号	项目	质量标准及要求	分值	实测结果	实际得分
1	梁、柱模板	支撑及加固正确、合理	10		
		柱箍安装正确合理	5		
		模板配板正确合理	5		
		垂直度偏差≤10mm	10		
2	独立柱基	模板配板正确	10		
		支撑及加固可靠、合理	10		
3	混凝土墙	模板配板正确	5		
		支撑及加固规范、合理	10		
		对拉件安装规范	5		
		垂直度≤10mm	10		
4	工作态度	文明施工、紧张有序	10		
5	工作纪律	无迟到、早退、旷课	10		

姓名	工作态度/分	劳动纪律/分	施工质量/分	合计得分	备注

钢模板安装学生工作页

实训项目		实训时间		实训地点		
姓名		班级		指导教师		成绩	

知识要点	评分权重30%	得分：
1. 55型组合钢模板组成		
2. 如何防止现浇混凝土梁模板下凹		
3. 模板拆除的原则		

操作要领	评分权重50%	得分：
1. 记录钢模板安装的工具		
2. 记录钢模板安装的材料		
3. 梁、柱钢模板垂直度的调整		
4. 钢模板安装的工艺顺序		
5. 钢模板拆除顺序		

学习情境五 大 模 板

项目1 大模板概况

大模板是一种工具式大型面板,是大型模板与大块模板的简称,是采用专业设计和工业化加工制作而成的一种工具式模板,一般与支架连为一体。它具有安装和拆除方便、尺寸准确、板面平整及周转使用次数多等特点,主要用于剪力墙结构或框架—剪力墙结构中的剪力墙的施工,也可用于筒体结构中竖向结构的施工。

一、大模板的种类及构造

大模板主要由板面系统、骨架、支撑系统、操作平台和附件组成,如图5-1所示。板面系统包括板面、加劲肋、竖楞。支撑系统支撑系统作用是承受水平荷载,防止模板倾覆,每块大模板用2~4榀桁架形成支撑机构,桁架用螺栓或焊接方法与竖楞连接起来。

（一）外墙大模板

用于全现浇大模板剪力墙结构建筑的外墙模板,可以采用与内墙模板相同的材料和形式加工,但由于它所处的特殊部位,因此在构造上与内墙模板有所不同。

全现浇剪力墙结构工程的外墙大模板,一般由内侧和外侧两片模板组成,其内侧大模板

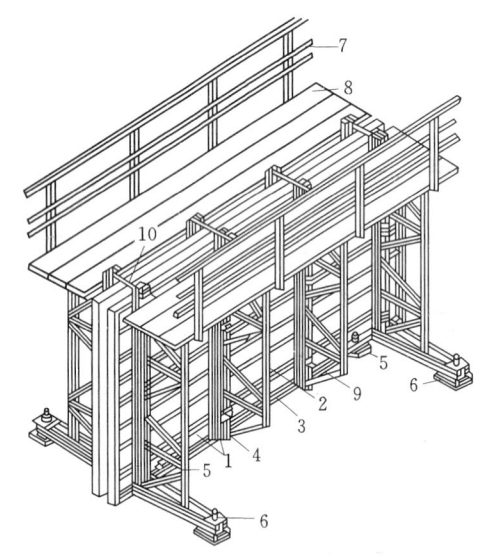

图5-1 大模板构造示意图
1—面板；2—水平肋；3—支撑桁架；4—竖肋；5—水平调整装置；6—垂直调整装置；7—栏杆；8—脚手板；9—穿墙螺栓；10—固定卡具

可采用与内墙模板相同的做法。外侧模板的构造则不同,具体见表5-1。

表5-1 外墙大模板外侧模板的构造

序号	项目	构 造 要 点
1	外墙模板尺寸	宽度：比内侧模板多出一个内墙的厚度； 高度：比内侧模板下端多出10~15cm,以使模板下部与外墙面贴紧,形成导墙,防止漏浆
2	门窗洞口设置	(1)将门窗洞口部位的模板骨架取掉,按门窗洞口的尺寸,在骨架上做一边框,与大模板焊接为一体,如图5-2所示。门窗洞口宜在内侧大模板上开设,以便在振捣混凝土时进行观察； (2)保存原有的大模板骨架,将门窗洞口部位的钢板面取掉。同样做一个型钢边框,并采取散支散拆或角结合做法,如图5-3所示。做法是：门窗洞口各侧面做成条形模板,用铰链固定在大模板骨架上。各个角用钢材做成专用角模。支模时用钢筋钩将各片侧模支撑就位,然后安装角模,角模与侧模采用企口缝搭接

续表

序号	项目	构造要点
3	支设平台	外墙外侧大模板在有阳台的部位，可以支设在阳台上，但要注意调整好水平标高。在没有阳台的部位，要搭设支模平台架，将大模板搭在支模平台架上。支模平台架由三角挂架、平台板、安全护身栏和安全网组成。三角挂架是承受大模板和施工荷载的部件，其杆件用 2∟50×5 焊接而成。每个开间设置两个，用∟40 的螺栓挂钩固定在下层的外墙上，如图 5-4 所示

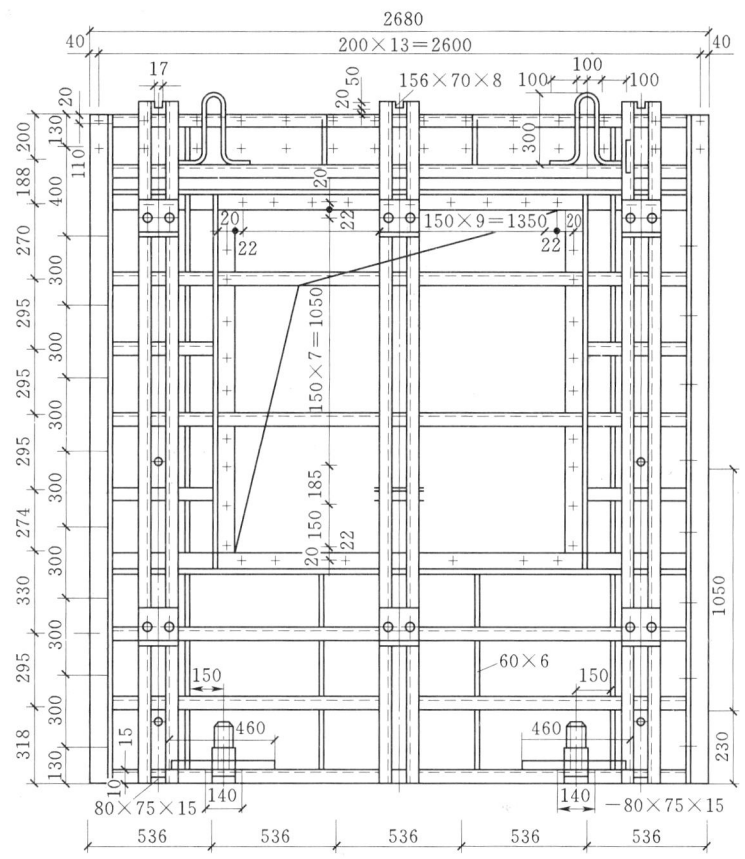

图 5-2 外墙大模板门窗洞口做法

（二）墙内大模板

内墙大模板的种类和构造见表 5-2。

表 5-2　　　　　　　　　　内墙大模板的种类和构造

序号	类型	构造说明
1	整体式模板	这类模板是按每面墙的大小，将面板、骨架、支撑系统和操作平台组拼焊成整体其特点是：每一层结构的横墙与纵墙混凝土必须要分 2 次浇筑，工序多，工期长，跳横、纵墙间存在垂直施工缝。另外，这类模板只适用于大面积标准化剪力墙结构施工。如果结构的开间、进深尺寸改变，则需另配制模板施工，其构造如图 5-5 所示。这类大模板多采用钢板作面板，具有板面平整光洁、易于清理、耐磨性好等特点，且强度和刚度良好，可周转使用 200 次以上，比较经济

续表

序号	类型	构造说明
2	组合式大模板	由板面、支撑系统、操作平台等部分组成,它是目前常用的一种模板形式。这种模板是在横墙平模的两端分别附加一个小角模和连接钢板,即横墙平模的一端焊扁钢做连接件与内纵墙模板连接,如图5-6节点A所示;另一端采用长销孔固定角钢与外墙模板连接,如图5-6节点B,以使内、外纵墙模板组合在一起,实现能现时浇筑纵横墙混凝土的一种新型模板。 为了适应开间、进深尺寸的变化,除了以常用的轴线尺寸为基数作为基本模板外,还另配以30cm、60cm的竖条模板,与基本模板端部用螺栓连接。做到能使大模板的尺寸扩展,因而能适应不同开间、进深尺寸的变化,板面系统由面板、横肋和竖肋以及竖向(或横向)龙骨所组成,如图5-6所示面板通常采用4~6mm的钢板,也可选用胶合板等材料。横肋一般采用[8槽钢,间距280~350mm;竖肋一般用6mm扁钢,间距400~500mm,使板面能双向受力
3	筒形大模板	筒形大模板是将一个房间或电梯井的2道、3道或4道现浇墙体的大模板,通过固定架和器等连接件组成一组大模板群体。它的特点是一个房间的模板整体吊装和拆除,塔吊吊次;模板的稳定性能好,不易倾覆。缺点是自重较大,堆放时占用施工场地大,拆模时需落地,不易在楼层上周转使用。 筒型模板有:横架式筒形模(图5-7),这是较早使用的一种筒模,通用性较差。组合式铰接筒模(图5-8),在筒模四角采用铰接式角模与大模板相连,利用脱模器开启,完成电梯井筒模(图5-9),是将模板与提升机及支架结合为一体,可用于进深为2~2.5m,开间为3m的电梯井施工
4	拼装式大模板	将面板、骨架、支撑系统以及操作平台全部采用螺栓或销钉连接固定组装成的大模板,如图5-10所示,这种大模板比组合式大模板拆改方便,也可减少因焊接面产生的模板变形问题,其特点是可以根据房间大小拼装成不同规格的大模板,适应开间、轴线尺寸变化的要求;结构施工完毕后,还可将拼装式模板拆散另作他用,从而减少工程费用的开支。面板可以采用钢板或木(竹)胶合板,亦可采用组合式钢模板或钢框胶合板模板。采用组合式钢模板或者钢框胶合板模板作面板,以管架或型钢作横肋和竖肋,用角钢(或槽钢)作上下封底,用螺栓和角部焊接作连接固定。它的特点是板面模板可以因地制宜,就地取材。大模板拆散后,板面模板仍可作为组合钢模板使用

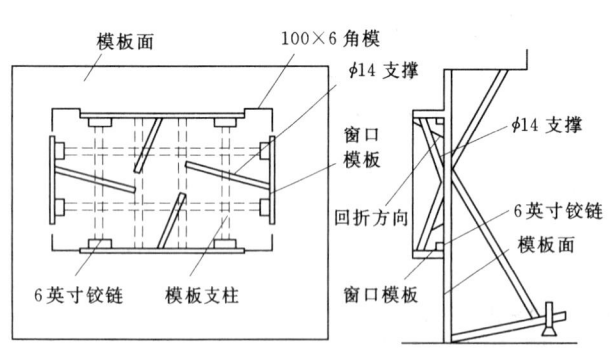

图5-3 外墙窗洞口模板固定方法

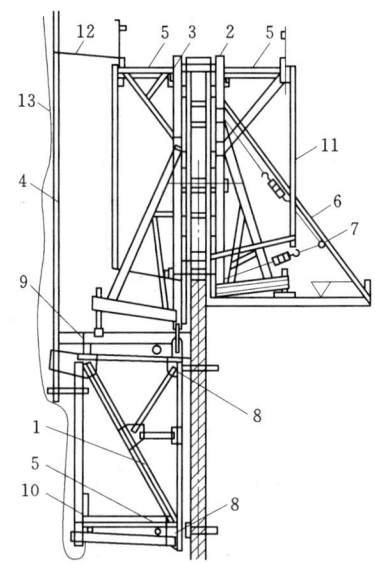

图5-4 三角挂架平台

1—三角挂架;2—外墙内侧大模板;3—外墙外侧大模板;4—护身栏;5—操作平台;6—防侧移撑杆;7—防侧移花篮螺栓;8—L形螺栓挂钩;9—模板支撑滑道;10—下层吊笼;11—上人爬梯;12—临时拉结;13—安全网

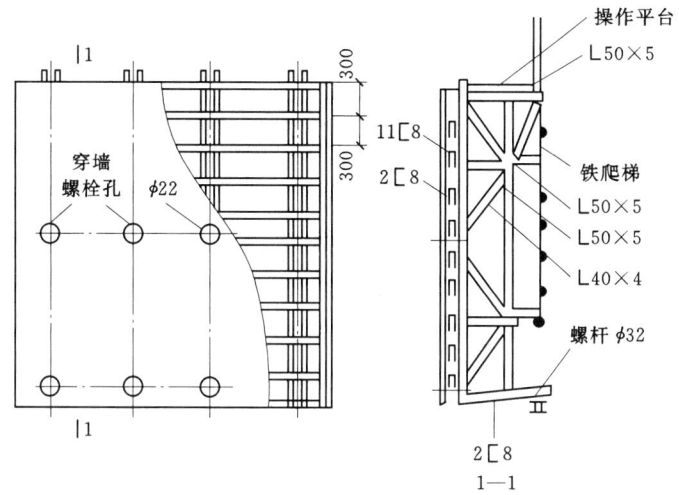

图 5-5 整体式大模板

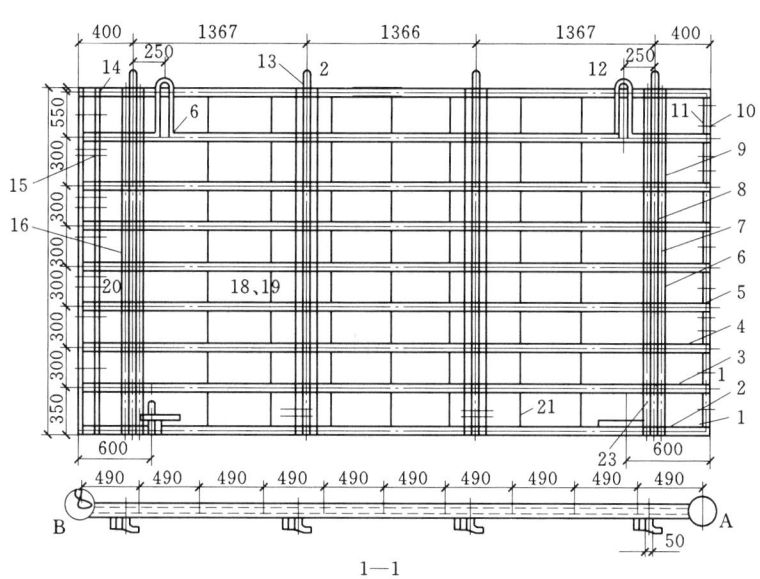

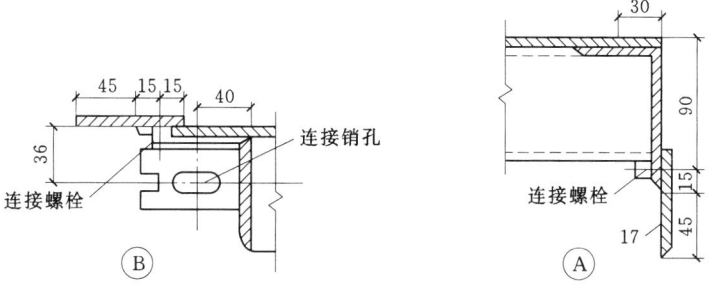

图 5-6 组合式大模板板面系统构造

1—面板；2—底横肋（横龙骨）；3、4、5—横肋（横龙骨）；6、7—竖肋（竖龙骨）；8、9、22、23—小肋（扁钢竖肋）；10、17—拼缝扁钢；11、15—角龙骨；12—吊环；13—上卡板；14—顶横龙骨；16—撑板钢管；18—螺母；19—垫圈；20—沉头螺钉；21—地脚螺栓

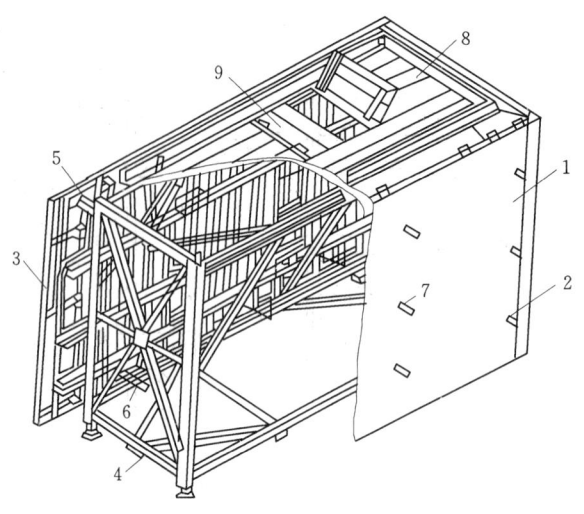

图 5-7 横架式筒形大模板
1—模板；2—内角模；3—外角模；4—钢架；5—挂轴；6—支杆；7—穿墙螺栓；8—操作平台；9—进出口

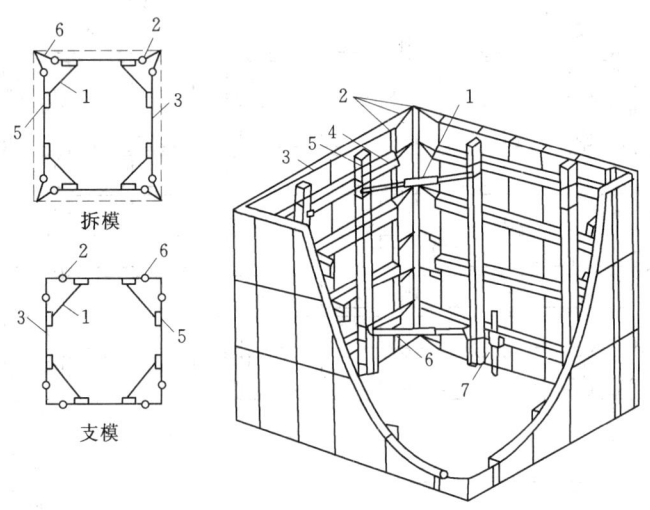

图 5-8 组合式铰接筒模
1—脱模器；2—铰链；3—模板；4—横龙骨；5—竖龙骨；6—三角铰；7—支脚

二、大模板材料要求

（一）主要材料要求

大模板的材料规格要求见表 5-3。

表 5-3　　　　　　　　　主要材料规格表

大模板类型	面板	竖肋	背楞	斜撑	挑架	对拉螺栓
全钢大模板	6mm 钢板	[8	[10	[8、ϕ40	ϕ48×3.5	M30、T20×6
钢木大模板	15～18mm 胶合板	80×40×2.5	[10	[8、ϕ40	ϕ48×3.5	M30、T20×6
钢竹大模板	12～15mm 胶合板	80×40×2.5	[10	[8、ϕ10	ϕ48×3.5	M30、T20×6

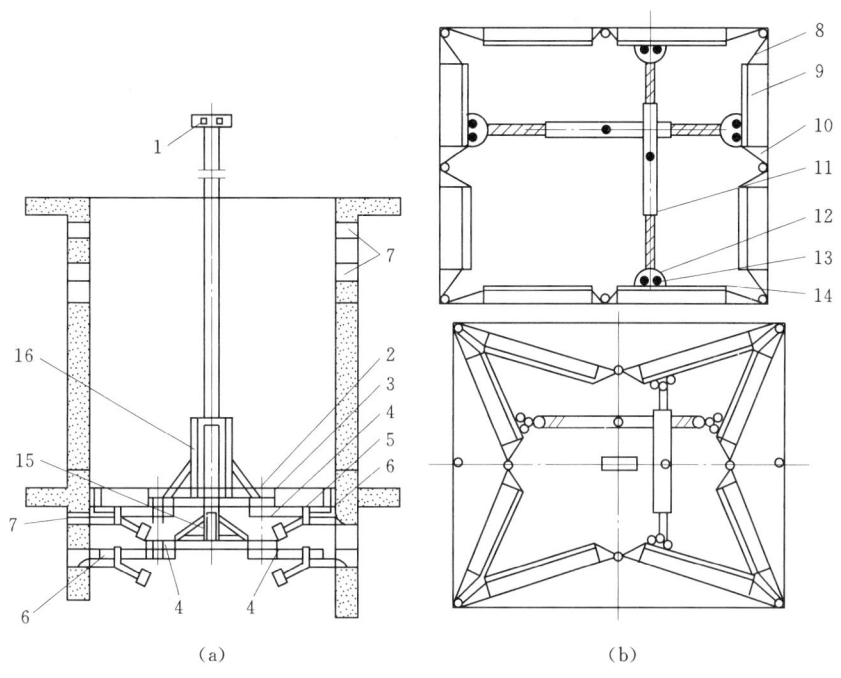

图 5-9 电梯井筒模

1—吊具；2—面板；3—方木；4—托架调节梁；5—调节丝杆；6—支腿；7—支腿洞；8—四角角模；9—模板；10—直角形铰接式角；11—退模器；12—3形扣件；13—竖龙骨；14—横龙骨；15—立柱支架；16—筒模托架

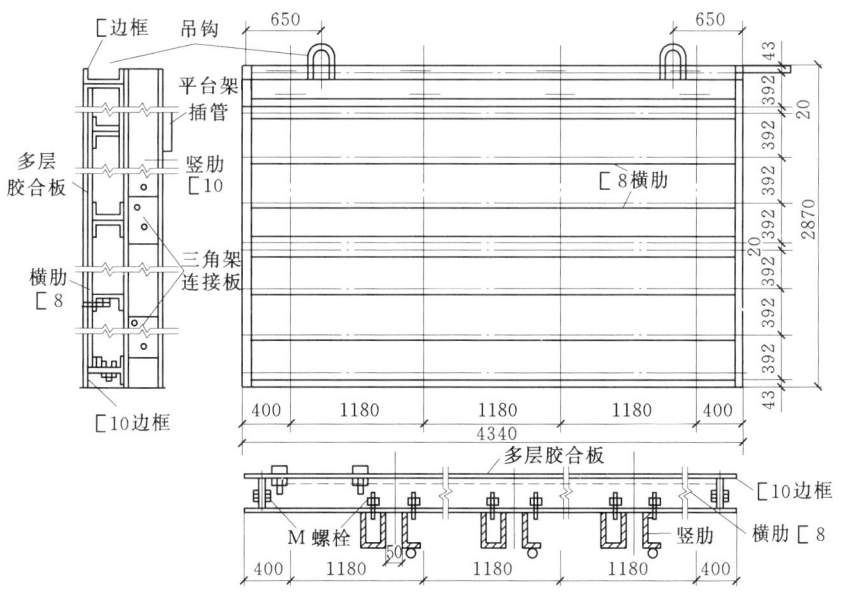

图 5-10 拼装式大模板

(二) 大模板板面材料

大模板的板面是直接与混凝土接触部分，要求表面平整，有一定刚度，能重复使用

89

多次。

(1) 整块钢板面。整块Ⅰ钢板面通常采用4～6mm的钢板拼焊而成,优点是能承受较大的混凝土侧压力及其他施工荷载,具有良好的刚度及强度。重复使用次数多,一般可周转使用200次以上,因此比较经济。此外,钢板面平整光洁,容易清理,耐磨们能好。这些优点均有利于提高混凝土的表面质量。钢板面的缺点是耗钢量大、重量大(40kg/m^2)、易生锈、不保温和损坏后不易修复等。

(2) 组合钢模板组拼板面。这种面板的优点是具有一定的强度和刚度,自重较整块钢板面要轻(30kg/m^2)等,缺点是拼缝较多,整体性差,浇筑的混凝土表面不够光滑,周转使用次数也不如整块钢板面多。

(3) 多层胶合板板面。采用多层胶合板,用螺丝固定于板面结构上。其优点是胶合板货源广泛,价格便宜,板面平整,易于更换,同时还具有一定的保温性能。但存在周转使用次数少的缺点。

(4) 膜胶合板板面。以多层胶合板作基材,表面敷以聚氰氨树脂薄膜,具有表面光滑、防水、耐磨、耐酸碱、易脱模(在前8次使用中可以不刷脱膜剂)等特点。

(5) 以多层竹片互相垂直配置,经胶粘压接而成。表面涂以酚醛薄膜或其他位膜材料优点是吸水率低、膨胀率小、结构性能稳定、强度和刚度好、耐磨、耐腐蚀、阻燃等此类板面原材料丰富,对开发农村经济、降低工程成本、提高竹材的利用率,都具有一定的意义。

(6) 高分子合成材料板面。采用玻璃钢或硬质塑料板作板面,它的优点是自重轻、表面平移光滑、易于脱模、不锈蚀、遇水不膨胀等,缺点是刚度小、怕撞击。

(三) 材料要求

(1) 大模板的外形尺寸、孔眼尺寸应符合300mm建筑模数,做到定型化、通用化。

(2) 大模板的结构应简单、质量轻、坚固耐用、便于加工,面板能满足现浇混凝土成型和表面质量要求。

(3) 大模板应具有足够的承载力、刚度和稳定性。

(4) 在正常维护、加强管理的情况下,能重复使用多次。

(5) 大模板的支撑系统应用调整装置应满足施工和安全要求。

(6) 操作平台可根据施工需要设置,与大模板的连接应安全可靠、装拆方便。

(7) 钢吊环与大模板的连接必须安全可靠,合理确定吊环位置。

(8) 大模板应配有承受混凝土侧压力、控制墙体厚度的对拉螺栓及其连接件大模板上的对拉螺栓孔眼应左右对称设置,以满足通用性要求。

(9) 电梯井筒模必须配套设置专用平台,以确保施工安全。

(10) 大模板背面应设置工具箱,满足对拉螺栓、连接件及工具的放置。

三、大模板的混凝土浇筑

(一) 强度的要求

墙体混凝土除了要符合设计的强度等级要求外,还应满足流水施工的需要,在规定时间内拆模强度应大于1N/mm^2,安装楼板强度应大于4N/mm^2,安排施工进度要考虑这项指标,施工中要制作同条件养护试块以检验拆模和安装楼板的强度。当墙体混凝土强度等级为 C15～C20 时，在常温下，一般养护 8～10h，即可达到拆模强度，36～48h 能达到安装楼板时所需的强度。

（二）表面平整的要求

大模板工程墙面一般不抹灰，直接批腻子喷浆，因此施工中要保证墙面的平整与光洁，不应有蜂窝麻面和密集气泡。要在墙体厚度薄、浇筑高度大的情况下保证墙面平整光洁，故不宜采用干硬性混凝土，且坍落度要比普通混凝土稍大。为避免大高度浇筑引起混凝土离析，应适当增加混凝土的砂率。

（三）工艺性能的要求

由于墙体厚度薄，浇筑高度大，表面质量有严格要求，因此。混凝土坍落度以 4～6mm 为宜，应适当采用干硬性混凝土。

（1）混凝土浇筑前对组装的大模板及预埋体、节点钢筋等进行一次全向的检查，如发现问题，应及时校正。

（2）工地拌制混凝土必须按季节选用试验室预先设计的混凝土级配，宜加入木质素磺酸钙减水剂，混凝土坍落度控制在 6～10cm。

（四）浇筑方法

（1）混凝土搅拌后，即运送到料斗内，由塔式起重机将料斗吊到大模板上口，直接灌入大模板内。为了防止混凝土落到底部时产生离析现象和对大模板产生过大的冲击力而增加模板的侧压力，应采用漏斗或导管。

（2）混凝土开始浇筑前，应先浇一层 5cm 左右、与混凝土内砂浆成分相同的砂浆，然后分层浇筑。每层浇筑厚度不得超过 60cm；对内浇外砖结构四大角构造柱的混凝土，每层浇筑厚度不得超过 30cm。

（3）混凝土浇筑顺序应先从第三、第二轴线开始，然后进行第一轴线及其他轴线的混凝土浇筑。浇筑必须分皮进行，第一皮 30～40cm，宜用人工铲入，这皮混凝土振平以后才可再倒入混凝土，边振边浇，一次可达模板口下 30～40cm，最后一皮也宜用人工铲入振实抹平。

（4）浇筑门、窗洞口两侧混凝土时，应注意要在门、窗孔的正上方下料，使两侧均匀受料并同时振捣，以避免门、窗洞模板发生偏移。

（5）当墙体连续浇筑时，一道墙的浇筑时间约 30min。若在整个流水段内数道墙均布浇筑时，上下两层混凝土浇筑间隔时间不应超过混凝土初凝时间。每浇一层混凝土都要用插入式振动器振捣到翻浆不冒气泡为止。振捣应选用频率高、振幅大的振动器，振捣时用力要均匀，墙板内钢筋较密部位及内外墙交接节点处进行插捣，以保证墙板质量。

（6）混凝土浇筑时应连续作业，不留施工缝，如必须留施工缝时，宜设置在门窗洞口上或外墙楼梯间和横隔墙相交处，并放坡留缝，不设挡板。

（7）每浇筑一楼层混凝土应做不少于两组的混凝土试块，分别作为拆模、装楼板及最后混凝土强度的依据。

（8）冬季施工可以采用综合蓄热法、电热毯养护法等，以保证工程质量和施工进度。

四、大模板工程质量标准

大模板工程质量标准见表 5-4。

表 5-4　　　　　　　　　　　大模板工程质量标准

序号	项 目	允许偏差/mm	检查方法
1	外墙板垂直	±5	用 2mm 靠尺检查
2	外墙板位移	±5	尺检
3	内墙垂直	±5	用 2mm 靠尺检查
4	内墙表面平整	±4	用 2mm 靠尺检查
5	内墙上口宽度	±2	尺检
6	内墙轴线位移	±10	尺检
7	预制楼板压墙长度	±10	尺检
8	先立口的门口垂直	±5	尺检
9	先立口的门口对角	±7	尺检
10	后立口的门洞上口标高	±5	尺检
11	后立口的门洞宽度	±10	尺检

五、大模板制作工艺

（1）模板制作允许误差，应符合模板设计规定，一般不得超过表 5-5 的规定。

表 5-5　　　　　　　　　　模板制作的允许偏差

项 目	偏差名称	允许偏差/mm
大型模板、符合模板及胶木（竹）模板	大型模板（长宽大于 2m）：长和宽	+3
	大型模板对角线	+3
木模	大型模板（长宽大于 3m）：长和宽	+3

（2）大模板主体加工工艺流程如图 5-11 所示。

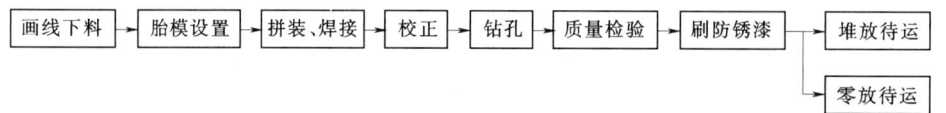

图 5-11　大模板主体加工工艺流程

项目 2　大模板施工

一、施工前的准备工作

（一）技术准备

（1）根据工程对混凝土表面质量要求和模板的周转使用次数，选择合理的模板类型；进行配板设计应遵循下列原则：根据工程结构具体情况，按照经济、均衡、合理的原则划分施工流水段，模板在各流水段的通用性，单块模板配置的对称性，单块大模板的吊装重量必须满足现场起重设备要求。

（2）配板设计应包括以一下内容：绘制配板平面布置图，绘制大模板配板设计图、拼装节点图和构、配件的加工详图，绘制节点和特殊部位支模图，绘制大模板构、配件明细表，编写施工说明书。

（3）配板设计方法应符合以下规定：大模板的尺寸必须符合 300mm 建筑模数；经计算确定大模板配板设计长度后，应优先选用同规格定型整体标准大模板或组拼大模板；配板设计中不符合模数的尺寸，宜优先选用组拼调节模板的设计方法，尽量减少角模的规格，力求角模定型化；组拼式大模板背楞的布置与排板的方向垂直；当配板设计高度较大采用齐缝排板接高设计方法时，应在拼缝处进行刚度补偿；大模板吊环位置设计必须安全可靠，吊环位置的确定应保证大模板起吊时的平衡，宜设置在模板长度的 $(0.2\sim0.25)L$ 处；外墙、电梯井、楼梯段等位置配板设计高度时应考虑同下层搭接尺寸。

（二）安排好大模板堆放场地

为了便于直接吊运，大模板应堆放在塔式起重机工作半径范围之内。在拟建工程的附近，应留出一定面积的堆放区。如为外板内浇工程，在平面布置中，还必须妥善安排预制外墙板的堆放区，亦应堆放在塔式起重机起吊半径范围之内。

（三）做好技术交底

技术交底必须有针对性、指导性和可操作性。针对大模板施工特点及每栋建筑物的具体情况做好班组技术交底工作。

（四）大模板试组装

在正式安装大模板之前，应先根据模板的编号进行试验性安装，以检查模板的各部尺寸是否合适，操作平台架及后支架是否"打架"，模板的接缝是否严密，如发现问题应及时进行修理，待问题解决后方可正式安装。

如采用筒形模时，应事先进行全面组装，并调试运转自如后方能使用。

（五）做好测量放线工作

1. 轴线和标高的控制和引测方法

（1）轴线。每栋建筑物的各个大角和流水段分段处，均应设置标准轴线控制桩，据此用经纬仪引测各层控制轴线。然后拉通尺放出其他墙体轴线、墙体的边线、大模板安装位置线和门洞口位置线等。

受场地限制，用经纬仪外测控制轴线非常困难。近年来一些单位进行竖向轴线控制时使用激光铅垂仪。它的优点是精度高、误差小，是高层建筑施工中较简便易行的测量方法。通常作法是用激光铅直仪垂直控点，用经纬仪在楼层水平布线。具体做法是：

1）在制定施工组织设计或测量方案时，根据建筑物的轴线情况设计出激光测量用的洞口位置。该位置宜选在墙角处，每个流水段不少于3个，呈L形，分别控制纵、横墙的轴线，如图 5-12 所示。

2）测量时，在首层支放激光铅直仪，使其定位于控制点上，将水平气泡对中，使激光束垂直通过铅垂控制点。

3）测设时，把激光铅直仪安放稳定，在其上方设立防护板，以防坠物妨害仪器。操作时，上下联系使用对讲机，操作后，预留的测量方孔要用盖板封严。

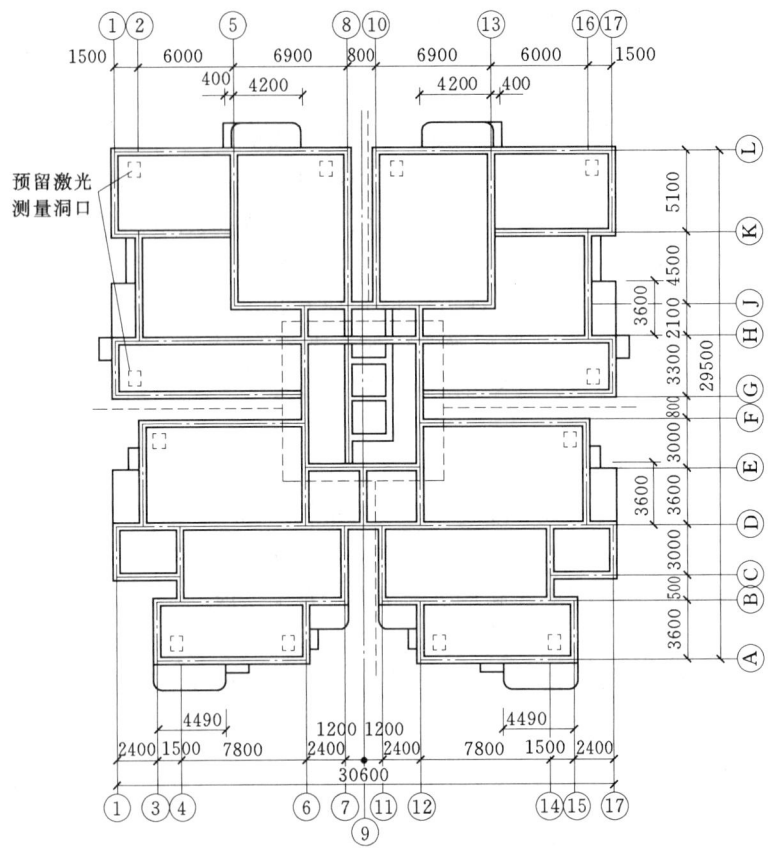

图 5-12 某工程铅垂控制点平面留洞图

(2) 水平标高。每栋建筑物设标准水平桩1~2个,并将水平标高引测到建筑物的首层墙上,作为水平控制线。各楼层的标高均以此线为基准,用钢尺逐层引测。每个楼层设两条水平线,一条离地面50cm高,供立口和装修工程用;另一条距楼板下皮10cm,用以控制墙体找平层和楼板安装的高度。另外,在墙体钢筋上应弹出水平线,据此抹出砂浆找平层,以控制墙板和大模板安装的水平度。

2. 验线

质量检查人员、施工员或监理员应在轴线、模板位置线测设完成后进行验线。

(六) 机具设备

(1) 塔吊:按最远点大模板起重量选型。

(2) 混凝土输送泵:按混凝土浇灌速度选型。

(3) 布料机:按布料半径选型。

(七) 作业条件

大模板施工前必须制定科学合理的施工方案;大模板安装前必须先抄平和定位放线,以保证工程结构各部分形状、尺寸和预留、预埋位置正确;在满足工期要求的前提下,根据建筑物的工程量、平面尺寸、机械设备条件等组织实施有节奏的均衡流水作业;合模前应检查验收施工层的钢筋质量,做好隐检记录;浇筑混凝土前必须对大模板的安装情况及安全措施进行检查，并办理检查记录；浇筑混凝土时应设专人对大模板的使用情况进行观察，发生意外情况及时处理。

二、材料和质量要点

（一）材料关键要求

（1）大模板应具有足够的承载力、刚度和稳定性，大模板所配的对拉螺栓及其配件应能承受混凝土的侧压力并控制墙体厚度。

（2）全钢大模板的面板宜选用原平板；钢木或钢竹大模板的面板必须选用双面覆膜的防水胶合板，其割口及孔洞必须作密封处理。

（3）大模板的钢骨架及面板材质均为 Q235。

（4）吊环材料不得冷弯。

（二）技术关键要求

（1）大模板制作、安装前必须绘制配板平面图及周转流水调配图。

（2）大模板的外形尺寸和孔洞尺寸宜符合建筑模数，做到定型化、通用化。在正常维护、加强管理的情况下，能多次重复使用。

（3）大模板应结构简单、重量轻、坚固耐用、便于加工。大模板之间、大模板与角模、斜撑、挑架及其他配件的连接、拆装方便可靠。

（三）质量关键要求

（1）严格控制大模板的加工质量，使外形尺寸、平整度、平直度和孔洞尺寸符合允许偏差要求。

（2）大模板安装前应做好定位放线工作，安装时对号入座，安装后保证整体的稳定性，确保施工中不变形、不错位、不胀模。

（3）大模板就位前应认真清理模板，涂刷隔离剂。

（4）大模板脱模时不得撬动或锤砸，以保护成品。

三、大模板的施工工艺

（一）安装前的准备工作

（1）大模板安装前应进行技术交底。

（2）模板进场后，应依据模板设计要求清点数量，核对型号，清理表面。

（3）组拼式大模板在生产厂或现场预拼装，用醒目字体对模板编号，安装时对号入座。

（4）大模板应进行样板间试安装，验证模板几何尺寸、接缝处理、零部件准确无误后方可正式安装。

（5）大模板安装前必须放出模板内侧线及外侧控制线作为安装基准。

（6）合模前必须将内部处理干净，必要时在模板底部可留置清扫口。

（7）合模前必须通过隐蔽工程验收。

（8）模板就位前应涂刷隔离剂，刷好隔离剂的模板遇雨淋后必须补刷；使用的隔离剂不得影响结构工程及装修工程质量。

(二) 大模板的安装要求

(1) 大模板安装应符合模板设计要求。
(2) 模板安装时按模板编号遵循先内侧,后外侧的原则安装就位。
(3) 大模板安装时根部和顶部要有固定措施。
(4) 模板支撑必须牢固、稳定,支撑点应设在坚固可靠处,不得与脚手架拉结。
(5) 混凝土浇筑前应在模板上作出浇筑高度标记。
(6) 模板安装就位后,对缝隙处应采取有效的堵缝措施。
(7) 大模板冬期施工应按照《建筑工程冬期施工规程》(JGJ 104—97) 的规定执行。
(8) 模板安装的允许偏差,应根据结构物的安全、运行条件、经济和美观等要求确定,一般不得超过表 5-6 所示的数值。

表 5-6　　　　　　　　大体积混凝土木模板安装的允许偏差　　　　　　　单位:mm

序号	偏 差 项 目	混凝土结构的部位	
		外露表面	隐藏内面
1	相邻两面板高差	3	5
2	局部不平 (用 2m 直尺检查)	5	10
3	结构物水平截面内部尺寸	10	15
4	承重模板标高	±20	
5	结构物水平截面内部尺寸	±5	
6	承重模板标高	10	

(三) 大模板的安装步骤

各种大模板的安装步骤及注意事项见表 5-7。

表 5-7　　　　　　　　　　大 模 板 的 安 装

序号	项目	主 要 内 容
1	普通内墙大模板安装	(1) 安装大模板之前,内墙钢筋必须绑扎完毕,水电预埋管件必须安装完毕,外砌内浇工程安装大模板之前,外墙砌砖及内墙钢筋和水电预埋管件等工序也必须完成,必须做好抄平放线工作,并在大模板下部抹好找平层砂浆,依据放线位置进行大模板的安装就位。拼装式大模板,在安装前要检查各个连接螺栓是否拧紧,保证模板的整体不变形; (2) 安装大模板时,关键要做好各节点部位的处理,必须按施工组织设计中的安排,对号入座吊装就位。先从第二间开始,安装一侧横墙模板靠吊垂直,并放入穿墙螺栓和塑料套管后,再安装另一侧的模板,经靠吊垂直后,旋紧穿墙螺栓。横墙模板安装后,再安装纵墙模板。安装一间,固定一间。 (3) 模板的安装必须保证位置准确,立面垂直。安装的模板可用双十字靠尺在模板背面靠吊垂直度,如图 5-13 所示。发现不垂直时,通过支架下的地脚螺栓进行调整。模板的横向应水平一致,发现不平时,亦可通过模板下部的地脚螺栓进行调整。每面墙体大模板就位后,要拉通线进行调直,然后进行连接固定。紧固对拉螺栓时要用力得当,不得使模板板面产生变形; (4) 模板安装后接缝部位必须严密,防止漏浆。底部若有空隙,应用聚氨酯泡沫条、纸袋或木条塞严,以防漏浆。为不影响墙体断面尺寸,不可将纸袋、木条塞入墙体内

续表

序号	项目	主 要 内 容
2	外墙大模板的安装	(1) 安装外墙大模板之前,必须先安装三角挂架和平台板。利用外墙上的穿墙螺栓孔,插入L形连接螺栓,在外墙内侧放好垫板,旋紧螺母,然后将三角挂架钩挂在L形螺栓上,再安装平台板。也可将平台板与三角挂架连为一体,整拆整装。L形螺栓如从门窗洞口上侧穿过时,应防止碰坏新浇筑的混凝土; (2) 要放好模板的位置线,保证大模板就位准备。应把下层竖向装饰线条的中线。引至外侧模板下口,作为安装该层竖向衬模的基准线,以保证该层竖向线条的顺直; (3) 当安装外侧大模板时,应先使大模板的滑动轨道(图 5-14)搁置在支撑挂架的轨槐上,要先用木模将滑动轨道与前后轨枕固定牢,在后轨枕上放入防止模板向前倾覆的横栓,方可摘除塔吊的吊钩。然后松开固定地脚盘的螺栓,用撬棍拨动模板,使其沿滑动轨道滑至墙面位置。调整好标高位置后,使模板下端的横向衬模进入墙面的线槽内,如图 5-15 所示,并紧贴下层外墙面,防止漏浆。待横向及水平位置调整以后,拧紧滑动轨道上的固定螺钉,将模板固定; (4) 外侧大模板经校正固定后,以外侧模板为准,安装内侧大模板。为了防止模板位移,必须与内墙模板进行拉结固定。其拉结点应设置在穿墙螺栓位置处,使作用力通过穿墙螺栓传递到外侧大模板,防止拉结点位置不当而造成模板位移; (5) 当外墙采取后浇混凝土时,应在内墙外端留好连接钢筋,并用堵头模板将内墙端部封严; (6) 外墙大模板上的门窗洞口模板必须安装牢固,垂直方正; (7) 装饰混凝土衬模要安装牢固,在大模板安装前要认真检查,发现松动应及时进行修理,防止在施工中发生位移和变形,防止拆模时将衬模拔出
3	筒形大模板的安装	(1) 组合式提模的安装:模板涂刷脱模剂后便可进行安装就位。先校正好位置后,再校正垂直度,并用承力小车和千斤顶进行调整,将大模板底部顶至筒壁。再用可调卡具将大模板精调至垂直。连接好四角角模,将预留洞定位卡压紧,门洞外将内外模的钢管紧固,穿好穿墙螺栓,检查无误后,即可浇筑混凝土; (2) 组合式铰接筒模的安装:先在平整坚实的场地上将筒模组装好。成型后要求垂直方正,每个角模两侧的板面保持一致,误差不超过 10mm,两对角线长度误差不超过 10mm。筒模吊装就位之前,要将筒模通过脱模器收缩到最小位置,然后起吊入模,就位找正
4	门窗洞口模板安装	墙体门窗洞口有两种做法: (1) 先立口。就是把门窗框在支模时预先留置在墙体的钢筋上,在浇筑混凝土时浇筑于墙内。其做法是用方木或型钢做成带有斜度的(1~2cm)门框套模,夹住安装就位的门框,然后4门窗洞口模板用大模板将套模夹紧,用螺栓固定牢固。门框的横向用水平横撑加固,防止浇捣混凝土时发生安装变形、位移。如果采用标准设计,门窗洞口位置不变时,为了方便施工,利于保证门窗框安装就位的质量,可设计成定型门窗框模板,固定在大模板上; (2) 后立口。现在采用后立口的做法较为普遍,是用门窗洞口模板和大模板把门窗洞口预留好,然后再安装门窗框
5	外墙组合柱模板安装	(1) 利用导墙支模。楼梯间墙的上部设置导墙,楼梯间墙大模板的高度与外墙大模板相同,将大模板下端紧贴于导墙上,下部用螺旋钢支柱和木方支撑大模板。两面楼梯间墙用数道螺旋钢支柱作横撑,支顶两侧的大模板。大模板下部用泡沫条塞封,防止漏浆; (2) 楼梯踏步段支模。在全现浇大模板工程中,楼梯踏步段往往与墙体同时浇筑施工。楼梯模板支撑采用碗扣支架或螺旋钢支柱。底模用竹胶合板,侧模用[16槽钢,依照踏步尺寸,在槽钢上焊12mm厚三角形钢板,踢面挡板用6mm厚钢板做成,各踢脚挡板用[12槽钢做斜支撑进行固定

续表

序号	项目	主 要 内 容
6	楼梯间模板的安装	(1) 利用导墙支模。楼梯间墙的上部设置导墙，楼梯间墙大模板的高度与外墙大模板相同，将大模板下端紧贴于导墙上，下部用螺旋钢支柱和木方支撑大模板。两面楼梯间墙用数道螺旋钢支柱作横撑，支顶两侧的大模板。大模板下部用泡沫条塞封，防止漏浆； (2) 楼梯踏步段支模。在全现浇大模板工程中，楼梯踏步段往往与墙体同时浇筑施工。楼梯模板支撑采用碗扣支架或螺旋钢支柱。底模用竹胶合板，侧模用[16槽钢，依照踏步尺寸，在槽钢上焊12mm厚三角形钢板，踢面挡板用6mm厚钢板做成，各踢脚挡板用[12槽钢做斜支撑进行固定
7	现浇阳台底板支模	大模板全现浇工程中，阳台板往往与结构同时施工。阳台板模板可做成定型的钢模板，一次吊装就位，也可采用散支散拆的办法。支撑系统采用螺旋钢支柱，下铺5cm厚木板。钢支柱横向要用铜管及扣件连接，保持稳定。散支散拆时，立柱上方放置10cm×10cm方木做龙骨，后铺5cm×10cm小龙骨，间距25cm，面板和侧模可采用竹胶合板或木胶合板。阳台模的外端要比根部高5mm。在阳台模板外侧3cm处，可用小木条固定U形塑料条，以使浇筑成滴水线

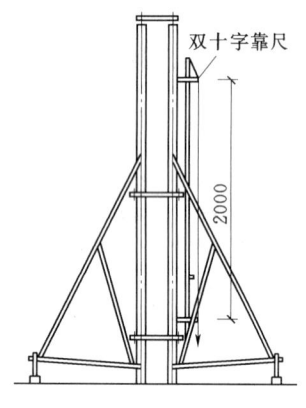

图 5-13 十字靠尺

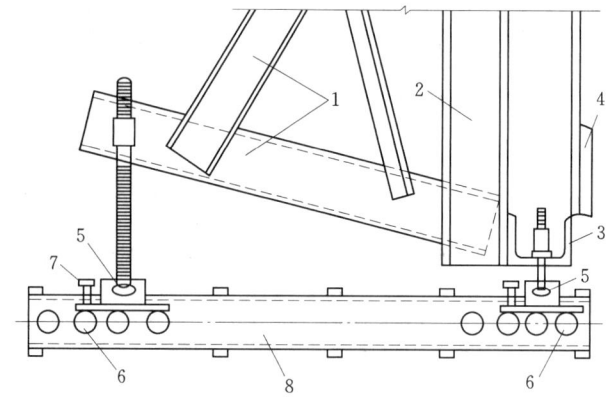

图 5-14 外墙外侧大模板与滑动轨道安装示意图
1—大模板三角支撑架；2—大模板竖龙骨；3—大模板横龙骨；
4—大模板下端横向腰线衬模；5—大模板前、后地脚；
6—滑动轨道辊轴；7—固定地脚盘螺栓；8—轨道

（四）大模板安装质量标准

1. 主控项目

（1）大模板安装必须保证轴线和截面尺寸准确，垂直度和平整度符合规定要求。

1) 检查数量：全数检查。

2) 检验方法：量测。

（2）大模板安装后应保证整体的稳定性，确保施工中模板不变形、不错位、不胀模。

1) 检查数量：全数检查。

2) 检验方法：观察。

2. 一般项目

模板的拼缝要平整，堵缝措施要整齐牢固，不得漏浆。模板与混凝土的接触应清理干净，隔离剂涂刷均匀。

（1）检查数量：全数检查。

（2）检验方法：观察。

四、大模板施工安全要求

（1）吊装大模板和预制构件，必须采用自锁卡环，防止脱钩。

（2）吊装作业要建立统一的指挥信号。吊装工要经过培训，当大模板等吊件就位或落地时，要防止摇晃碰人或碰坏墙体。

（3）要按规定支搭好安全网，在建筑物的出入口，必须搭设安全防护棚。

（4）电梯井内和楼板洞口要设置防护板，电梯井口、主楼梯处要设置护身栏，电梯井内每层都要设立一道安全岗。

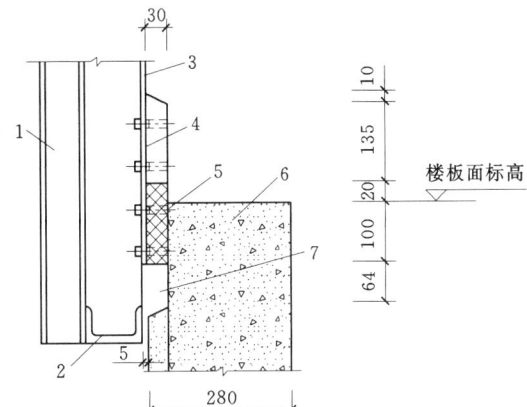

图 5-15 大模板下端横向衬模安装示意图
1—大模板竖龙骨；2—大模板横龙骨；3—大模板板面；
4—硬塑料衬模；5—橡胶板导向和密封衬模；
6—已浇筑外墙；7—已形成的外墙横向线槽

（5）大模板的存放应满足自稳角的要求，并进行面对面堆放，中间留出 60cm 宽的人行道，以便清理和涂刷脱模剂。长期堆放时，应将各块大模板连在一起。建有支架或自稳角不足的大模板，要存放在专用的插放架上，不得靠在其他物体上，防止滑移倾倒。

（6）在楼层上放置大模板时，必须采取可靠的防倾倒措施，防止碰撞造成坠落。遇有大风天气，应将大模板与建筑物固定。

（7）在拼装式大模板进行组装时，场地要坚实平整，骨架要组装牢固，然后由下而上逐块组装。组装一块即用连接螺栓固定一块，防止滑脱。整块模板组装以后，应转运到专用堆放场地放置。

（8）大模板上必须有操作平台、上人梯道、护身栏杆等附属设施，如有损坏，应及时修补。

（9）在大模板上固定衬模时，必须将模板卧放在支架上，下部留出可供操作用的空间。

（10）吊装大模板必须采用带卡环吊钩。当风力超过 5 级时应停止吊装作业。起吊大模板前，应将吊装位置调整适当，稳起稳落，就位准确，严禁大幅度摆动。

（11）外板内浇工程大模板安装就位后，应及时用穿墙螺栓将模板连成整体，并用花篮螺栓与外墙板固定，以防倾斜。

（12）全现浇大模板工程安装外侧大模板时，必须确保三角挂架、平台板的安装牢固，及时绑好护身栏和安全网。大模板安装后，应立即拧紧穿墙螺栓。安装三角挂架和外侧大模板的操作人员必须系好安全带。

（13）大模板安装就位后，要采取防止触电保护措施，将大模板加以串联，并同避雷网接通，防止漏电伤人。

（14）安装或拆除大模板时，操作人员和指挥人员必须站在安全可靠的地方，防止意外伤人。

（15）拆模后起吊模板时，应检查所有穿墙螺栓和连接件是否全都拆除，在确认无遗漏，模板与墙体安全脱离后，方准起吊。待起吊高度超过障碍物后，方准转臂行车。

（16）筒形模板可用拖车整体运输，也可拆成平模重叠放置用拖车运输；其他形式的模板，在运输前都应拆除支架，卧放于运输车上运送，卧放的垫木必须上下对齐，并捆绑牢固。

（17）在电梯间进行模板施工作业，必须逐层搭好安全防护平台，并检查平台支腿伸入墙内的尺寸是否符合安全规定。拆除平台时，先挂好吊钩，操作人员退到安全地带后，方可起吊。

（18）采用自升式提模时，应经常检查倒链是否挂牢，立柱支架及筒模托架是否伸入墙内。拆模时要使支架及托架分别离开墙体后再行起吊提升。

（19）在大模板拆装区域周围，应设置围栏，并挂明显的标志牌，禁止非作业人员入内。组装平模时，应及时用卡具或花篮螺栓将相邻模板连接好，防止倾倒。

五、大模板结构冬季施工

大模板是现代化建筑施工中的一种主要施工工艺手段，它具有施工简便、机械化程度高、节省木材、可多次周转使用、降低成本等优点，使用较为广泛，可适用于冬季施工。冬季施工常用大模板的结构物有地沟型地下建筑物、供水沟道、地上滑模建筑物、高层建筑等。

（一）大模板冬季施工加热措施

1. 以蒸汽为热源的大模板

其构造为：在大模板后部设置约25mm的蛇形蒸汽管，在蒸汽管外侧使用保温材料保温，一般蒸汽入口温度为100℃，回水温度为60℃，结构养护温度为30℃。

2. 以电为热源的大模板

以电为热源的大模板有以下三种：

（1）直线式电热模板。

（2）工频电热大模板。

（3）管式远红外线大模板。

3. 液化气远红外线大模板

液化气远红外线大模板主要有以下两种：

（1）液化气远红外线内部加热的大模板。

（2）液化气远红外线外部加热的大模板。

4. 利用支模内空间养护加热的大模板

此法是在大模板上部加一个顶盖，然后在中间空间加热养护，可以节省能源。根据我国施工单位的实践，大模板冬季施工效果及养护方法对比见表5-8。

由表5-8可以看出，掺外加剂养护方法的养护期长，不能及时脱模，因而不能适用于高层建筑快速多次周转施工；若从热效率使用效果去评价，则以电热远红外线养护效果最佳；若从综合经济效果去评价，则以大模板蒸汽养护最经济。

表 5-8　　　　　　　　　大模板冬季施工时各种加热方法技术经济对比

项目	耗热/(kW/m³)	养护量/m³	热效率/%	室外温度/℃	脱模强度/MPa	养护最高温度/℃	养护时间/h
外加剂蓄热		1		5	2.96	20	70
外加剂负温		1		10	0.98	0	360
蒸汽大模板	298	2	20.5	−4	3.96	40	14
液化气红外线大模板	626	2	8.6	−10	3.96	60	12
电热红外线大模板	511	1	57.8	5	4.95	50	12
电热丝大模板	510	1	35.0	5	1.95	45	12
蒸汽空间大模板		1		−5	3.96	30	18

(二) 冬季施工实例

1. 工程概况

如图 5-16 所示，某电厂循环水沟工程尺寸为 2m×3m×3m，壁厚为 0.25m，全长 3km，混凝土量为 14000m³，由于工程量大且形状单一，故采用大模板施工方法进行施工。混凝土量中 10000m³ 已经在秋季施工完毕，尚有 4000m³ 必须在初冬进行施工，其长度为 280m，要求 45 天施工完毕，该施工阶段最低室外计算温度−10℃。

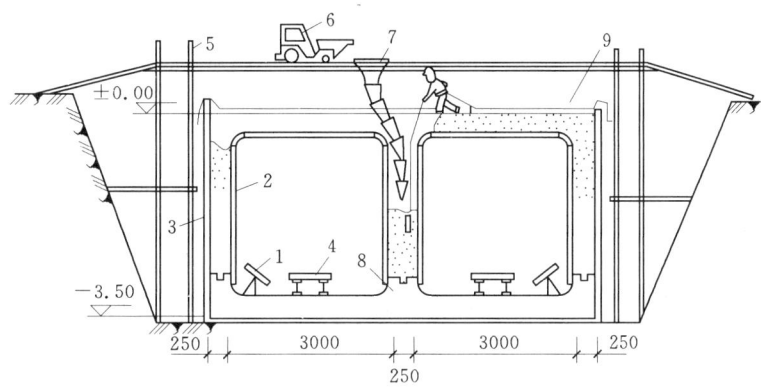

图 5-16　循环水沟大模板养护示意图
1—红外线发射器；2—内模；3—保温外模；4—平板车；5—脚手架；6—浇灌车；
7—料斗；8—已施工完接头；9—保温棉帐篷

2. 基本施工方案的确定

(1) 大模板用量。由于施工处于初冬季节，工期又比较紧张，决定 5 天为一个施工周期，其中养护期间为 3 天，则每个周期需要的大模板长度为：280×(5/45)=32(m)。

(2) 施工方法。由于养护期只有 3 天，结构又必须达到冬季施工允许临界受冻强度的 30%，故使用普通硅酸盐水泥掺外加剂及移动式电热红外线加热的施工方法，结构外围进行保温；外围钢模板用厚度 80mm 的岩棉保温，顶盖使用工具式棉帐篷保温。

模板周转用 2~4t 塔吊，混凝土浇灌用 1t 轻便小车在脚手架上进行。

(3) 外加剂的配合比。外加剂的配合比为 0.02% 三乙醇胺＋0.3% 木钙减水剂＋2%

硫酸锅。3天可达到45%标准强度（大于要求的30%标准强度），养护温度为80℃。

3. 施工要点

（1）拆模和支模只有1天的时间，外模使用吊车拆除，内模使用工具式千斤顶活动模板，然后使用平车拆除和运输。

（2）为了缩短棉帐篷上盖时间并使其能够多次使用，应在钢模板外层顶部安装钢轨，用小平车推动棉帐篷，结构之间要严密。

（3）每段沟道32m，共10块大模板，大模板外刷利于脱模的油质隔离剂，模板接缝应予及时修理和平整，防止跑浆。

（4）两次浇灌接头的凹槽内，在支模前应凿成麻面并在浇灌前用蒸汽吹扫，以清除表面结冰，从而确保工程质量；电红外线发生器应20个一组做成工具式，其外层应设保护罩，以防止养护时水蒸气进入而短路；每段32m长的端头，应使用棉帐篷堵严，以防止漏气。

（5）墙壁顶部和底部，应在结构外表布置测温孔，调整电红外线发生器的角度或分区停送电，以保持养护区内温度均匀一致。

（6）电气设备应设置可靠的接地系统，以防止触电和短路；电源应有备用，以防止停电而冻坏建筑结构；室外温度-10℃时计算最低温度，实际施工中常常是0℃左右，施工中可通过断续送电方式予以调整。

（7）脚手架搭拆的时间4h，应使用吊车拆装；为了防止模板变形，沟道三道墙应同时浇灌；实际施工时，由于内部空间高度太大，下部和顶部温差为10℃，因而施工后期要将发生器向下调整。

（8）由于混凝土入模温度较低，因此在养护阶段，车辆、料斗、灰溜子内的混凝土可能全部冻结，在二次施工前，应将其冻结清除干净后方可施工；施工中混凝土升温阶段热耗量大且要求2h内达到养护温度，因此在该阶段应加强供热和测温；拆模前应注意降温，必须使结构任意部位与室外温差保持在18℃左右，以防止结构发生裂缝；拆模期间一般内部供热不停止，在保持室外温度与结构温差不大于18℃的情况下内部断续供热；后夜迎风位置，常常温度较低，为了防止结构冻结，后夜应加强检查和保温。

项目3 大体积混凝土模板

大体积混凝土施工，模板以大型模板为主，如重力坝的大体积混凝土施工。大型模板的尺寸没有统一的规定，各项工程根据具体条件确定。大型模板的面板材料，20世纪60—70年代，主要采用木板，进入80年代后，钢面板逐渐取代木面板。钢面板有两种型式：

一种是用钢板、型钢加工；另一种是用定型组合钢模板拼装。大型模板按支撑方式和安装方法不同，分为拉条固定式模板、半悬臂模板、悬臂模板、自升悬臂模板。

一、固定式模板

拉条固定式模板，布置有两层拉条，如图5-17所示。由于混凝土吊罐不能碰拉条，卸料点距模板都在3m以外，不便于混凝土平仓，影响混凝土浇筑质量。

二、半悬臂模板

半悬臂模板，只设一层拉条，拉条以上的部分悬臂受力。

乌江渡工程大坝混凝土施工采用半悬臂模板，浇筑层厚3m，荷载按照19.6kN/m² 考虑。模板尺寸有三种规格：3m×7.5m、3m×6.5m、3m×6m。模板由钢骨架、木格栅、木面板组成（图5-18），木面板厚3cm，木格栅用8cm×10cm方木，间距30cm，钢立柱用12号工字钢，拉条直径20mm。钢骨架采用焊接结构。工程后期，采用半悬臂式组合钢模板，用8号槽钢代替木格栅，用组合钢模板代替木面板。钢模板用U形卡拼成整块，然后，用钩头螺栓将面板与8号槽钢连成整体。螺栓固定在钢立柱上。模板顶部水平设置一根10号槽钢，避免拆模时撬棍损坏组合钢模板。如图5-19所示。为了方便模板装拆，便于混凝土浇筑时检查模板，模板背面底部设置宽50cm的

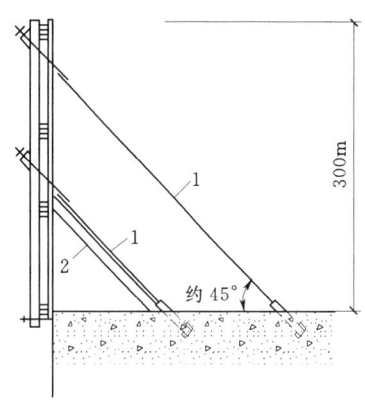

图5-17 拉条固定式模板
1—拉条 $\phi 6 \sim 16$；2—内支撑

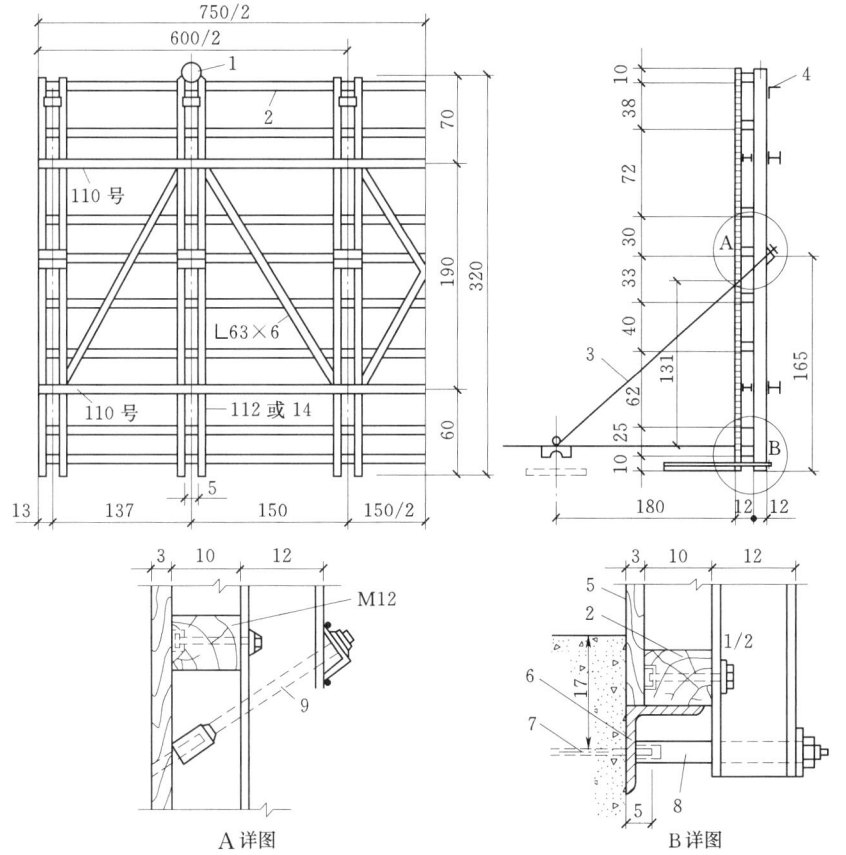

图5-18 半悬臂模板钢木模板（单位：cm）
1—吊环，$\phi 18$；2—格栅，8cm×10cm方木；3—拉筋，$\phi 20$，间距137cm或150cm；4—角钢，130mm×60mm×6mm；5—木棉板；6—支座；7—支座预埋螺栓；8—2号套筒螺栓；9—1号套筒螺栓

活动操作平台，如图 5-20 所示。安装大型模板，两块模板之间需要留 10cm 左右的间隙，用木板条镶补，以适应模板经多次使用后的错动变位。模板拆除后，在原位置提升安装，利用仓面起吊设备（汽车吊）边拆边安装。先挂好吊钩，然后拧下拉条和支座的套筒螺栓；用撬棍撬动模板，使模板脱离混凝土面，再提升模板；在预埋螺栓上安装支座；最后，模板就位、校正、固定。为了防止模板内倾，需设内撑杆固定，如图 5-17 所示。模板安装时，用木撑临时支撑，模板固定后，改用预制混凝土柱。预制柱断面 10cm×10cm。

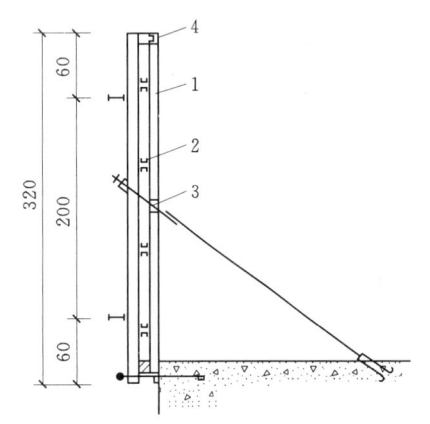 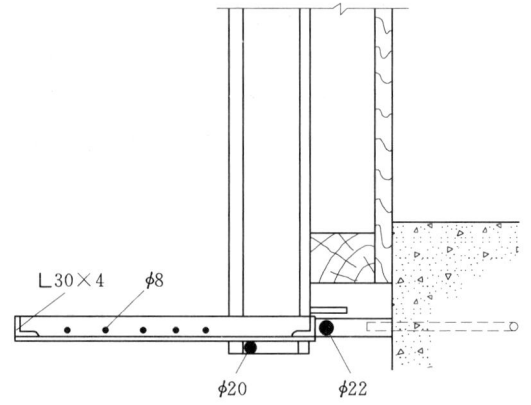

图 5-19 半悬臂式组合钢模板　　　　　图 5-20 大型面板活动操作平台

1—组合钢模板；300mm×1500mm；2—槽钢⌊80；

3—小木板；4—槽钢⌊100

三、悬臂模板

悬臂模板由面板和悬臂支撑两部分组成，不用拉条，有利于仓面机械化施工。面板将混凝土侧压力传给悬臂支撑。悬臂支撑分型钢梁和桁架两种。

（一）型钢梁悬臂模板

型钢梁悬臂模板如图 5-21 所示。模板规格为 2.5m×10m，侧压力按 17.64kN/m²

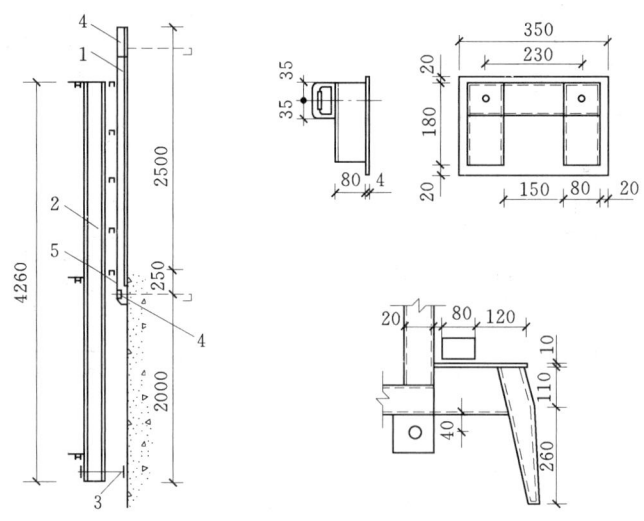

图 5-21 型钢梁悬臂模板

1—面板；2—型钢梁⌓260；3—调节螺杆；4—插座；5—插销

考虑。悬臂用两根 26 号槽钢焊成,悬臂梁间距 2.15m;横肋为 6.3 号槽钢,间距 0.5m;面板为 4mm 钢板。模板上口设插座,下口设插销。模板上口开一个 22cm×35cm 的方孔,插座按在方孔内,成为模板的一部分。混凝土浇筑时,插座上的锚筋埋在混凝土中。拆模时,插座与模板分开,模板拆走,插座仍留在原位置。上层模板安装时,模板下口的插销插入插座内,用来固定模板。型钢梁下端设有拆模和调整模板位置用的螺杆。

悬臂组合钢模板如图 5-22 所示。悬臂模板的面积为 2.3m×3m,浇筑层高 2m。面板采用组合钢模板拼装,48mm 钢管作横向围囹。围囹与钢模板用 3 形扣、钩头螺栓连成整体。底部采用 1 根 10 号槽钢做底梁。每块模板有 3 根立柱,立柱由 2 根 20 号槽钢组合而成。面板与立柱用钩头螺栓连接。模板背面设两层工作平台,上层工作平台供安装预埋锚杆用,下层工作平台供装拆套筒螺栓及调整千斤顶用。工作平台的宽度为 60cm。部分模板的上下层工作平台之间设爬梯。模板构件全部用螺栓和扣件连接,便于装配和重新组合。每块模板重 1350kg。

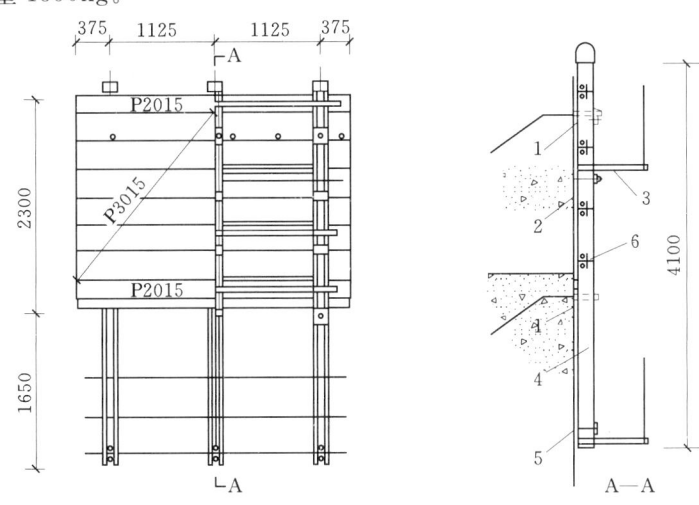

图 5-22 悬臂组合钢模板
1—套筒螺栓;2—面板;3—工作平台;4—立柱;5—千斤顶;6—钢管围囹

型钢梁悬臂模板,加工简单,运输、堆放方便,虽然单位面积用钢量稍多一些,但周转次数多,还是比较经济,适用于浇筑层厚小于 3m、对模板变形要求不是很严的部位。

(二) 桁架悬臂模板

桁架悬臂模板根据桁架形状不同,分三角形桁架悬臂模板、梯形桁架悬臂模板、矩形桁架悬臂模板、变曲率桁架悬臂模板等。

1. 三角形桁架悬臂模板

图 5-23 为三角形桁架悬臂模板,其中图 5-23(a)模板尺寸为 2.1m×10m。侧压力按 19.6kN/m² 考虑。桁架杆件由 2 根

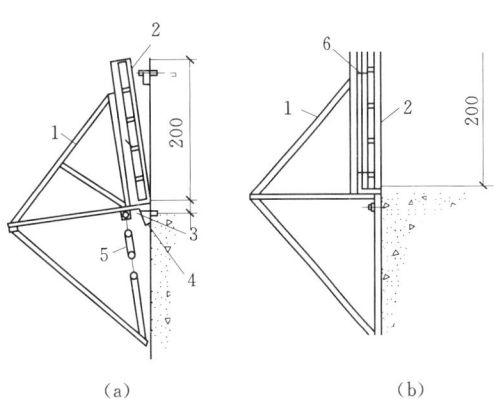

图 5-23 三角形桁架悬臂模板
1—桁架;2—面板;3—插座;4—插销;
5—花篮螺栓;6—调节螺栓

60mm×60mm×6mm 的角钢合焊成方形断面，间距 2m。钢面板厚 4mm；横肋为 12 号工字钢，间距 0.4m；竖围图为 14 号工字钢，间距与三角形桁架间距相同。模板总重 2154kg。

桁架上半部的杆件之间采用焊接，下半部的杆件之间采用铰接。下半部竖杆带有花篮螺栓，转动花篮螺栓，可使竖杆伸长或缩短，带动下斜杆的下端沿混凝土壁面上下移动，从而拉动和架上半部分转动，便于调整面板位置和拆模。

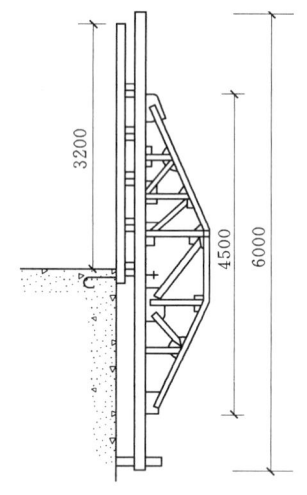

图 5-23（b）是三角形桁架悬臂模板的另一种型式。模板尺寸 2.2m×10m，侧压力按 29.4kN/m² 考虑。桁架上竖杆位 14 号槽钢，下竖杆、斜杆和横杆为 12 号工字钢，杆件之间均焊接。桁架间距 1.5m。面板由钢骨架和木板构成，板厚 4cm；横肋为 5cm×12cm 方木，间距 52cm；竖围图为 12 号槽钢，间距与桁架间距相同。

面板搁在构架上，通过面板与和架之间的调节螺栓，调整面板位置和拆模。

面板底部垫一根 20mm 钢管，便于面板移动。三角形桁架悬臂模板刚度大、变形小，用钢量较省，但不便于堆放。

2. 梯形桁架

悬臂模板梯形和架悬臂模板如图 5-24 所示。

3. 矩形桁架

悬臂模板矩形桁架悬臂模板如图 5-25 所示。

图 5-24 梯形桁架悬臂模板

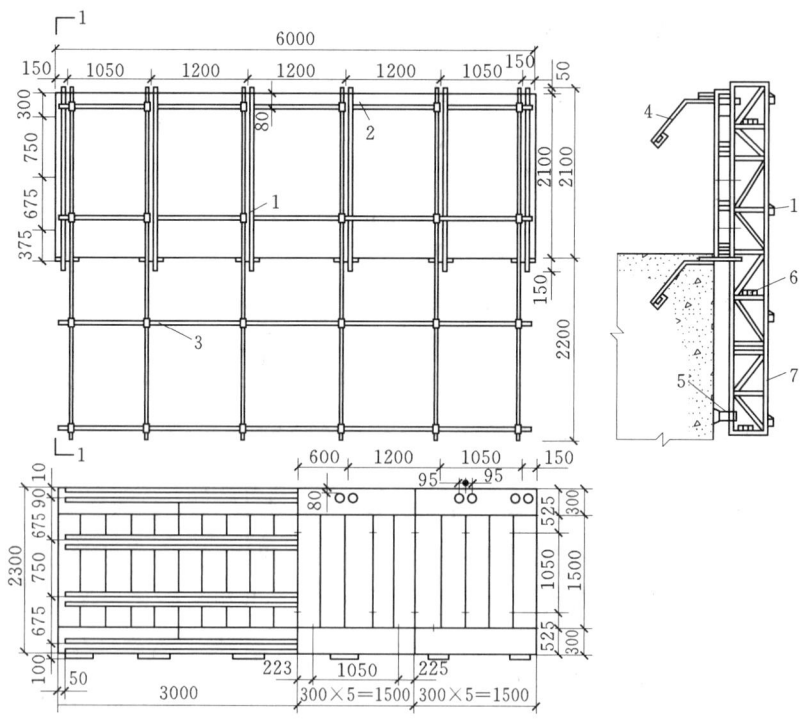

图 5-25 矩形桁架悬臂模板
1—扣件；2—孔；3—联系杆；4—锚筋；5—调节螺栓；6—跳板；7—矩形桁架

4. 变曲率桁架悬臂模板

变曲率桁架悬臂模板如图5-26所示,垂直方向和水平方向都可以变曲率,可以满足双曲拱坝形体的要求。

大型模板装拆需要使用仓面起重设备。当仓面起重设备忙不过来时,为了不影响模板装拆,可以用简易吊架及5t葫芦提升模板。吊架型式,因地制宜,多种多样。图5-27为水口水电站工程使用的简易吊架。

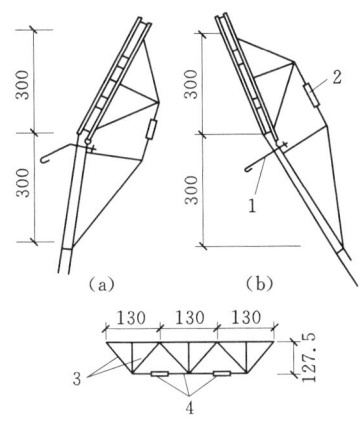

图5-26 变曲率桁架悬臂模板
(a) 倒坡立模;(b) 顺坡立模
1—锚栓;2—垂直调节杆;3—斜撑;4—水平调节杆

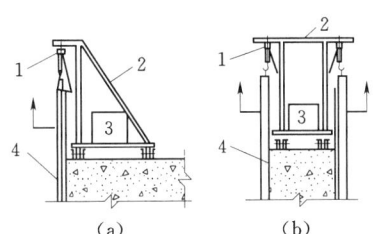

图5-27 模板简易吊架
(a) 单边式;(b) 双边式
1—葫芦;2—简易吊架;3—压重;4—模板

四、自升悬臂模板

自升悬臂模板,是在悬臂模板基础上发展起来的一种新型模板,比悬臂模板多一个提升柱(图5-28)。利用提升柱自行提升模板,不用起重设备,避免模板装拆与其他工序争用起重设备的矛盾,而且安装迅速方便、安全可靠。模板面板由组合钢模板拼装而成;桁架、提升柱由型钢、钢管焊接而成。模板高3.3m,宽3m,重3.6t。模板提升工作原理如图5-29所示。

(1) 已浇混凝土达到一定强度后,将提升柱锚固螺栓松开,使提升柱向外(远离混凝土面)移动5cm。

(2) 启动电动机带动螺杆正转,将提升柱提升到指定位置。

(3) 将提升柱重新锚固好后,面板锚固螺栓松开,使面板脱离混凝土面15cm。

(4) 启动电动机带动螺杆反转,将模板提升到预定位置。模板到位后,利用桁架上的调节丝杆调整模板位置。

自升悬臂模板的提升装置还可以采用液压系统。悬臂模板及自升悬臂模板,锚栓是主要受力构件。锚栓既承受拉力,又承受剪力。拉力由两部分组成:一部分是混凝土侧压力作用所产生的拉力;另一部分是模板自重(包括操作平台的附加荷载)作用力矩所产生的拉力。剪力是由模板自重等竖向荷载所产生的。锚栓的直径及锚固长度,参照以往的施工经验,结合试验确定。坝体底部混凝土施工,由于基岩面凹凸不平,不便于大型模板安装,只能用木模或组合钢模板现场拼装。

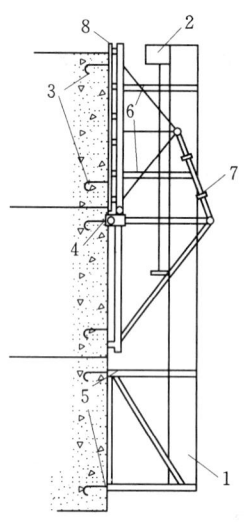
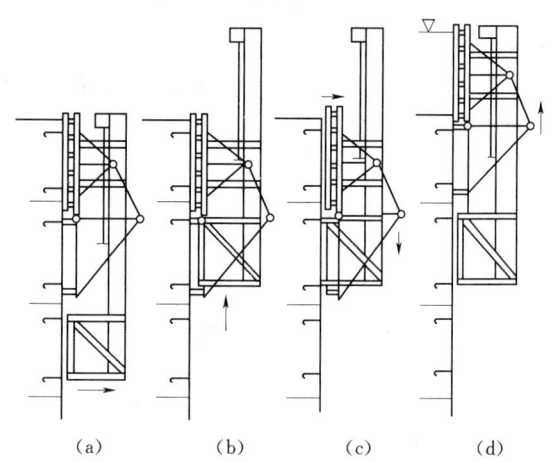

图 5-28 自升悬臂模板
1—提升柱；2—提升机械；3—预埋螺栓；4—模板锚固件；5—提升柱锚固件；6—柱、模板连接螺栓；7—调节丝杆；8—模板

图 5-29 自升悬臂模板工作原理
(a) 提升架外移；(b) 提升架提升；
(c) 模板外移；(c) 模板提升

悬臂模板用于碾压混凝土施工时，要求悬臂支撑的锚固支点能适应混凝土连续铺筑上升。其面板一般采用钢板，也有采用木板或预制镶面板的。棉花滩电站大坝施工采用的悬臂翻升模板，是对碾压混凝土采用悬臂模板的一种改进（图 5-30）。该模板分为两层，下层模板浇满混凝土后，吊装上层模板，上层模板沿下层模板的导向机构准确就位后，将桁架后部连杆铰接，上、下层模板连接成一体，成为新的悬臂模板。上层模板浇满混凝土后，拆除下层模板，如前述方法再进行安装。两层模板如此循环翻升。该模板结构合理，操作方便，使用可靠，值得推广。

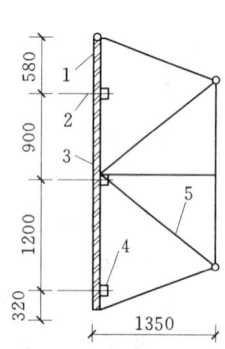
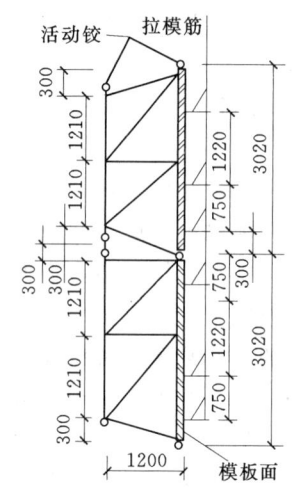

图 5-30 棉花滩大坝悬臂模板
1—连续件；2—锚杆；3—锚固面板；
4—套筒螺栓；5—桁架

图 5-31 普定大坝连续上升可调式全悬臂模板

普通碾压混凝土拱坝采用通仓连续上升工艺，配套的模板如图 5-31 所示。该模板系统由两块尺寸各为 3m×4m（高×宽）的模板通过活动铰连接成为 6m×4m 能交替连续上升的可调式全悬臂大模板。模板的拆装采用 5t 汽车吊，可在 10～15min 内完成一个循环作业。该模板在普定拱坝上游面及下游面（坡度 1∶0.35）应用，最高达到连续上升 12.7m，较好地解决了混凝土连续上升的关键技术问题，实现了碾压混凝土的快速施工。

学习情境六　滑　动　模　板

　　滑动模板（简称滑模）施工，是一种工具式混凝土成型模板，是现浇混凝土工程的一项施工工艺。滑模施工时模板一次组装完成，上面设置有施工人员的操作平台。并从下而上采用液压或其他提升装置沿现浇混凝土表面边浇筑混凝土边进行同步滑动提升和连续作业。

　　与常规施工方法相比，这种施工工艺具有施工速度快、整体结构性能好、机械化程度高、可节省支模和搭设脚手架所需的工料、能较方便地将模板进行拆模和灵活组装并可重复使用。滑膜和其他施工工艺相结合（如预制装配、砌筑或其他支模方法等），可为简化施工工艺创造条件，更好地取得综合的经济效益。

　　滑模工艺与普通的现浇支模方法相比有以下特点：

　　（1）滑模施工的连续性。模板组装完毕后，试滑成功，开始滑升，没有特殊情况，应连续滑升，不宜停滑；因为停滑后，易出现粘模等现象，滑升均分为白班和夜班两班，连续施工。

　　（2）滑模施工的动态性。滑模平台在动力系统的带动下不断提升，其提升不受外力影响，是个动态过程，在滑升过程中进行中心垂直度偏差和扭转偏差等偏差的纠正，并控制到规范允许的范围内。

　　（3）滑模施工的季节性。滑模施工温度不宜太高，也不宜太低，当温度太高时，比如高于25℃时，混凝土强度增长过快，容易出现严重粘模现象，容易造成混凝土表面蜂窝、麻面、开裂、破碎、垮塌、露筋等质量缺陷，外观处理相当困难，影响滑升速度，并容易造成恶性循环，就需要采取在混凝土内掺加缓凝剂和加大模板清理力度等一系列措施，增加了工程成本；温度过低时，比如低于5℃时，混凝土强度增长过慢，影响了滑升速度，造成窝工现象，并容易造成混凝土垮塌等缺陷，就需要采取在混凝土内掺加早强剂等一系列冬季施工措施，也造成工程成本的增加；滑模较适宜的温度为10～20℃，一般春季和秋季为宜，尽量避开夏季，南方冬季温度较高，适当采取冬季施工措施，也适宜滑模施工，所以滑模施工受季节影响较大。

　　（4）滑模施工的组织性和协作性。滑模施工需要大量的人力物力，牵涉的工种很多，人员复杂，需要很好地进行组织，各个工种和岗位需要相互协调，密切配合。混凝土的供应、浇筑，钢筋的制作、绑扎，混凝土外观的处理、养护等方面都应协调一致，相互之间必须跟上步调，不能脱节，不能相互影响。所以滑模操作平台上白班和晚班均应设置台长一名，负责操作平台上的人员组织和协调，而为保证滑模的顺利施工，地面上也应组织一定的人员做配合工作，如混凝土的供应、钢筋的制作，其他材料的供应等，则由工长负责协调和指挥。

项目1 滑动模板的组成

滑模装置主要由模板系统、操作平台系统、液压系统以及施工精度控制系统和水、电配套系统等部分组成,如图6-1所示。

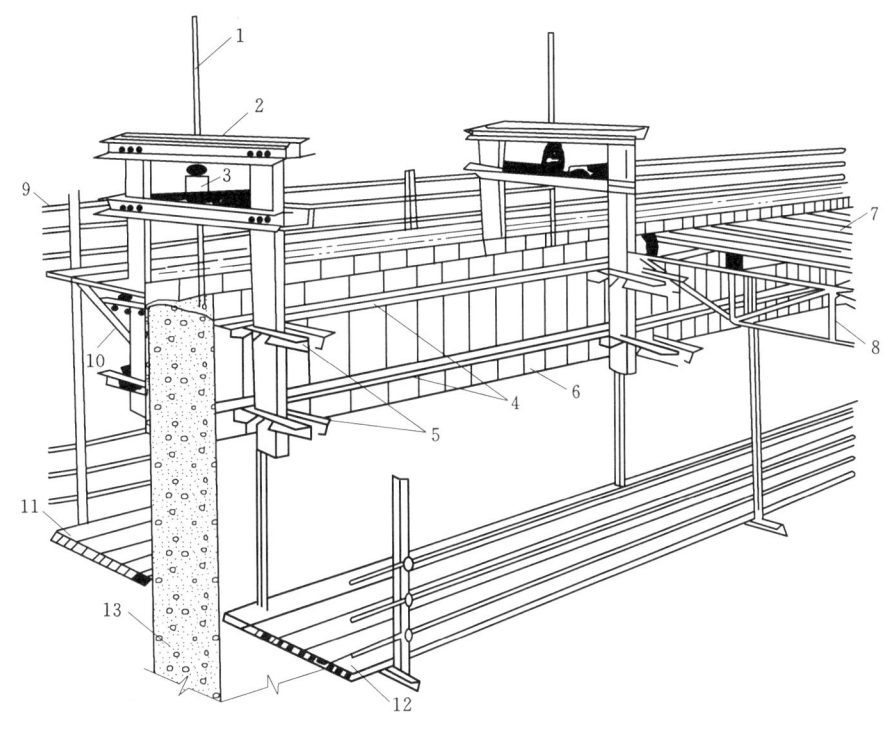

图6-1 滑模装置示意图
1—支撑杆;2—液压千斤顶;3—提升架;4—模板;5—围圈;6—外挑三脚架;7—外挑操作平台;
8—固定操作平台;9—活动操作平台;10—内围梁;11—外围梁;12—吊脚手架;13—栏杆

一、模板系统

1. 模板

模板依赖围圈带动其沿混凝土的表面向上滑动。模板的主要作用是承受混凝土的侧压力、冲击力和滑升时的摩擦阻力,并使混凝土按设计要求的截面形状成形。按其所在部位及作用不同,可分为内模板、外模板、堵头模板以及变截面工程的收分模板等。模板按其材料不同有钢模板、木模板、钢木组合模板等,一般以钢模板为主。钢模板可采用2~2.5mm厚的钢板冷压成型,或用2~2.5mm厚的钢板与角钢肋条制成,角钢肋条的规格不小于∟30×4。

为方便施工,保证施工安全,外墙外模板的上端比内模板可高出150~200mm。

图6-2为一般墙体钢模板,也可采用组合模板改装。当施工对象的墙体尺寸变化不大时,宜采用围圈与模板组合成一体的"围圈组合大模板",如图6-3所示。

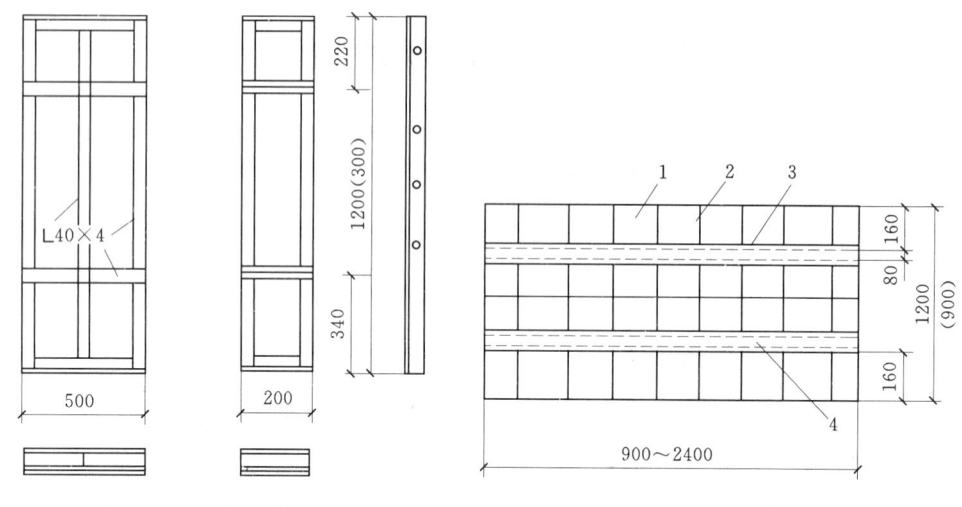

图 6-2 一般墙体模板

图 6-3 围圈组合大模板
1—4mm 厚模板;2—6mm、60mm 宽肋板;
3—8 号槽钢上围圈;4—8 号槽钢下围圈

2. 围圈

围圈（又称围檩）。用于固定模板，保证模板所构成的几何形状及尺寸，承受模板传来的水平与垂直荷载，所以要具有足够的强度和刚度，一般可采用⌐70～⌐80，[8～[10 或[10 制作。围圈的主要作用使模板保持组装好后的形状，并将模板和提升架连成整体。围圈与连接件及围圈桁架构造如图 6-4 所示。

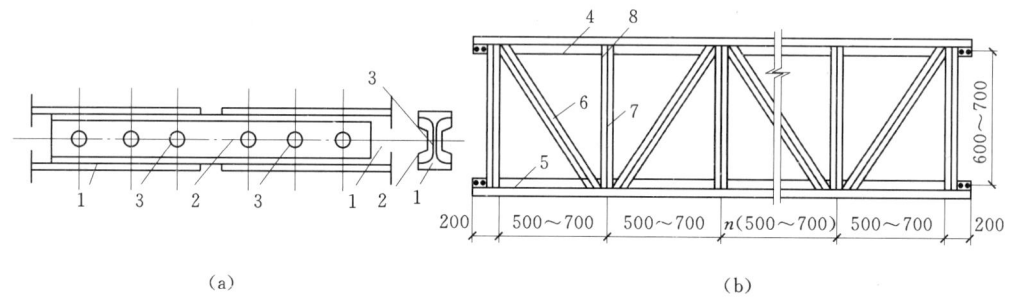

(a) (b)

图 6-4 围圈与连接件及围圈桁架构造示意图
(a) 围圈连接件; (b) 围圈桁架结构示意图
1—围圈; 2—连接件; 3—螺栓孔; 4—上围圈; 5—下围圈; 6—斜腹杆; 7—垂直腹杆; 8—连接螺栓

3. 提升架（又称千斤顶架或门架）

提升架的作用主要是控制模板和围圈由于混凝土侧压力和冲击力而产生的向外变形，承受作用在整个模板和操作平台上的全部荷载，并将荷载传递给千斤顶。同时，提升架又是安装千斤顶，连接模板、围圈以及操作平台形成整体的主要构件。

在满足以上作用要求的前提下，结合建筑物的结构形式和提升架的安装部位，可以采用不同的形式。

不同结构部位的提升架构造示意图如图 6-5 所示。

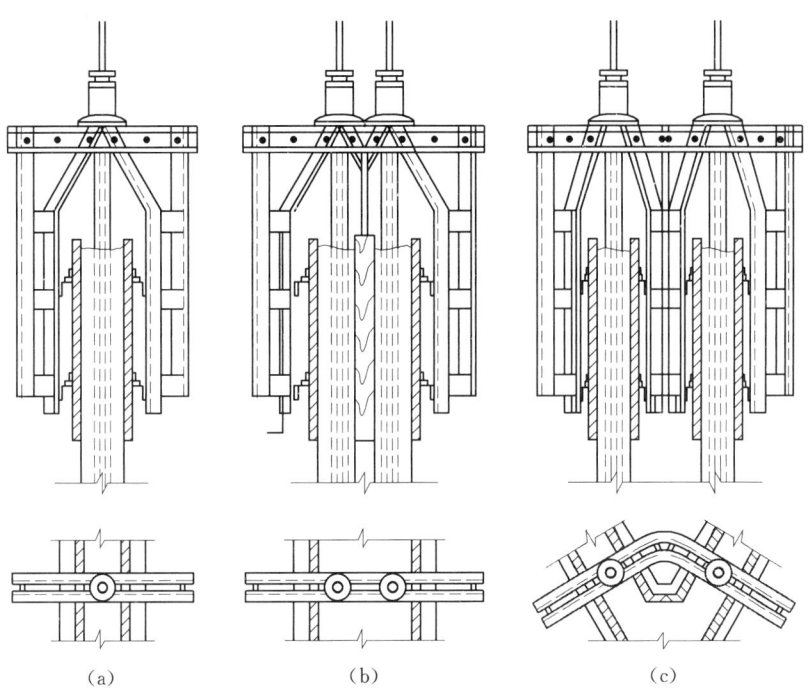

图 6-5 不同结构部位提升架构造示意图
(a) 单墙体；(b) 伸缩缝处墙体；(c) 转角处墙体

二、操作平台系统

操作平台系统主要包括操作平台，外挑脚手架，内、外吊脚手架以及某些增设的辅助平台，以供材料、工具、设备的堆放，如图 6-6 所示。

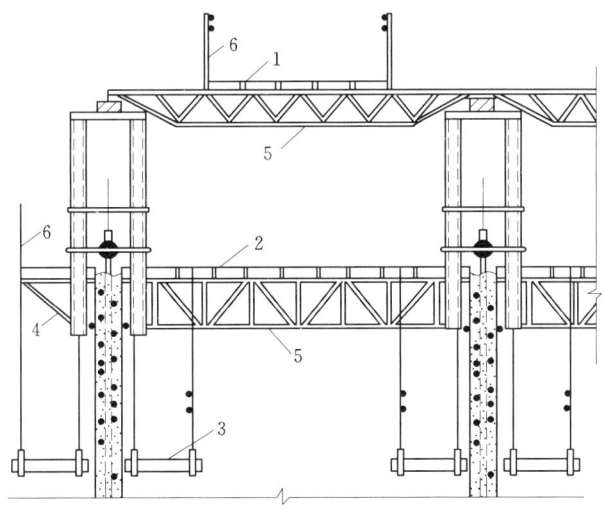

图 6-6 操作平台系统示意图
1—上辅助平台；2—主操作平台；3—吊脚手架；4—三角挑架；5—承重桁架；6—防护栏杆

（1）操作平台（又称工作平台）。既是绑扎钢筋、浇注混凝土、提升模板等操作场所，也是混凝土中转、存放钢筋等材料以及放置振捣器、液压控制台、电焊机等机械设备的场地，如图 6-7 所示。

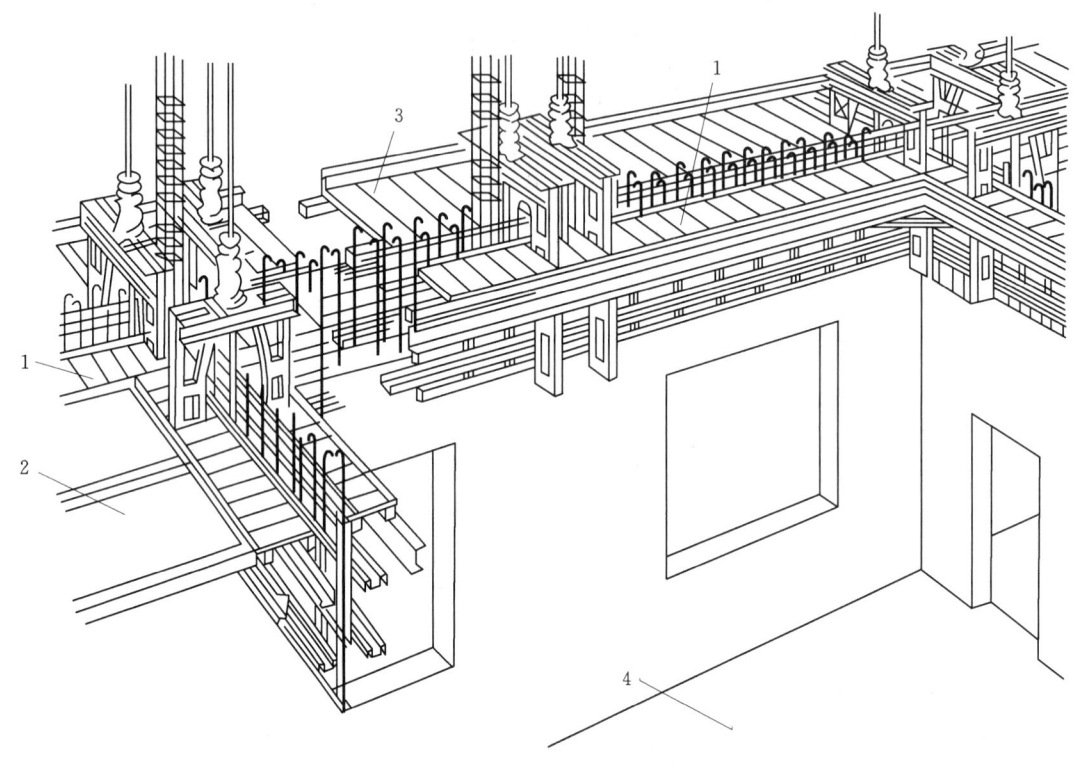

图 6-7 操作平台平台板
1—固定式；2—活动式；3—外挑操作平台；4—下一层已完成的现浇楼板

（2）内外吊脚手架（又称吊架）。内外吊脚手架主要是用于钢筋绑扎、混凝土脱模后检查墙（柱）体混凝土质量并进行装饰、拆除模板（包括洞口模板），引设轴线、高程以及支设梁底模板等操作之用。吊脚手架要求装卸灵活、安全可靠。内吊脚手架悬挂在提升架内侧立柱和操作平台的桁架上，外吊脚手架悬挂在提升架外侧立柱和三角挑架上，如图6-8 所示。

（3）外挑脚手架。外挑脚手架一般由三角挑架、楞木、铺板等组成，其外挑宽度为0.8～1.0m，外侧一般需设安全护栏，三角挑架可支承在立柱上或挂在围圈上。

三、液压提升系统

液压提升系统主要包括支承杆、液压千斤顶、液压控制系统三部分，是液压滑模系统的重要组成部分，也是整套滑模施工装置中的提升动力和荷载传递系统。

提升机具系统的工作原理由电动机带动高压油泵，将油液通过换向阀、分油器、截止阀及管路输送给各千斤顶，在不断供油回油的过程中使千斤顶的活塞不断地被压缩、复位，通过千斤顶在支承杆上爬升而使模板装置向上滑升。液压控制装置原理图如图 6-9

所示。

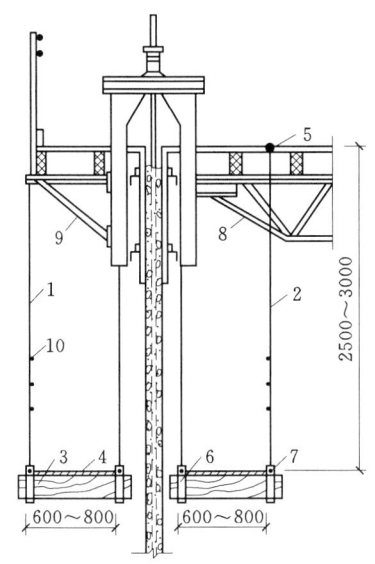
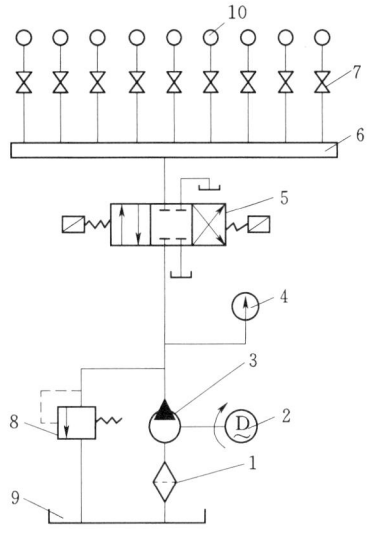

图 6-8 吊脚手架
1—外吊脚手杆；2—内吊脚手杆；3—木楞；
4—脚手板；5—固定吊杆的卡具；6—套靴；
7—连接螺栓；8—平台承重桁架；
9—三角挑架；10—防护栏杆

图 6-9 提升系统液压控制装置原理图
1—滤油器；2—单向回转交流电动机；
3—油泵；4—压力表；5—换向阀；
6—分油器；7—截止阀（针型阀）；
8—溢流阀；9—油箱；10—千斤顶

（一）支撑杆

支撑杆又称爬杆、千斤顶杆或钢筋轴等，即是液压千斤顶向上爬升的轨道，又是滑动模板的承重支柱，它支承着作用于千斤顶的全部荷载，包括模板系统、操作平台、模板的摩阻力和施工荷载等全部荷载。支承杆一般采用 $\phi 25$ 圆钢或 $\phi 48 \times 3.5$ 钢管，由于钢管的稳定性较好，脱空长度较大（达 2.5m），目前一般采用 $\phi 48 \times 3.5$ 钢管作支承杆。支承杆的直径要与所选的千斤顶的要求相适应。为节约钢材，采用加套管的工具式支承杆时，应在支承杆外侧加设内径比支承杆直径大 2～5mm 的套管，套管的上端与提升架横梁的底部固定，套管的下端与模板底平，套管外径最好做成上大下小的锥度，以减小滑升时的摩阻力。工具式支承杆的底部一般用钢靴或套管支承。工具式支承杆的套管和钢靴如图 6-10 所示。

支承杆的连接方法，常用的有 3 种：丝扣连接、榫接和剖口焊接（图 6-10 所示）。在实际操作时，$\phi 25$ 圆钢支承杆一般采用丝扣方法进行连接，$\phi 48mm \times 3.5mm$ 钢管支承杆一般采用榫接方法进行连接。支承杆的焊接，一般在液压千斤顶上升到接近支承杆顶部时进行，接口处如果略有偏斜或凸疤，可采用手提砂轮机处理平整，使其能顺利通过千斤顶孔道。也可在液压千斤顶底部超过支承杆后进行，但当这台液压千斤顶脱空时，其全部荷载要由左右两台千斤顶承担，因此在进行千斤顶数量及围圈强度设计时，就要考虑到这一因素。支撑杆的连接见图 6-11。

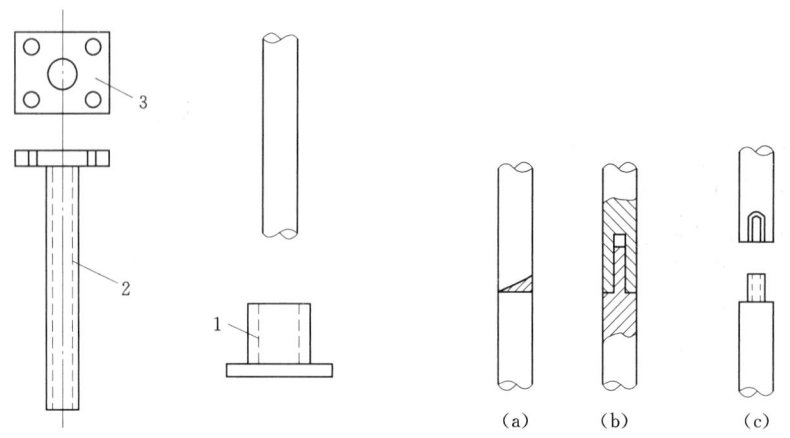

图 6-10 工具式支撑杆的套管和钢靴
1—钢靴；2—套管；3—底座

图 6-11 支撑杆的连接
(a) 焊接；(b) 榫接；(c) 丝扣连接

(二) 液压千斤顶

液压千斤顶又称穿心式液压千斤顶，支承杆贯穿其中心，在给千斤顶供油和回油的周期性作用下向上滑升。钢珠式液压千斤顶的构造及顶升过程如图 6-12 所示。

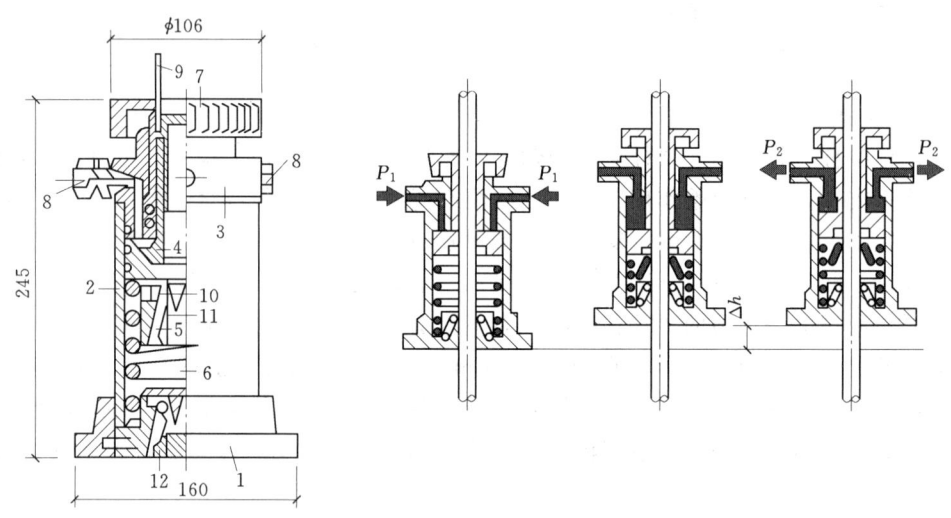

图 6-12 液压千斤顶的构造及顶升原理
1—底座；2—缸筒；3—缸盖；4—活塞；5—上卡头；6—排油弹簧；7—行程调整帽；8—油嘴；
9—行程指示杆；10—钢珠；11—卡头小弹簧；12—下卡头

项目 2 滑模装置组装

滑模施工的特点之一，是将模板一次组装好，一直到施工完毕，中途一般不再变化。

因此，要求滑模基本构件的组装工作，一定要认真、细致，严格地按照设计要求及有关操作技术规定进行。否则，将给施工中带来很多困难，甚至影响工程质量。

滑模装置组装前，应做好各组装部件编号、操作基准水平、弹出组装线、作好墙、柱标准垫层及有关的预埋铁件等工作。

（一）组装顺序

滑模装置的组装应根据施工组织设计的要求，并按下列顺序进行：

（1）安装提升架。所有提升架的标高应满足操作平台水平度的要求，对带有辐射梁或辐射桁架的操作平台，应同时安装辐射梁或辐射桁架及其环梁。

（2）安装内外围圈、调整其位置，使其满足模板倾斜度正确和对称的要求。

（3）绑扎竖向钢筋和提升架横梁以下钢筋，安设预埋件及预留孔洞的胎模，对体内工具式支承杆套管下端进行包扎。

（4）当采用滑框倒模法时，安装框架式滑轨，并调整倾斜度。

（5）安装模板，宜先安装角模后再安装其他模板。

（6）安装操作平台的桁架、支撑和平台铺板。

（7）安装外操作平台的支架、铺板和安全栏杆等。

（8）安装液压提升系统、垂直运输系统及水、电、通信、信号精度控制和观测装置，并分别进行编号、检查和试验。

（9）在液压系统试验合格后，插入支承杆。

（10）安装内外吊脚手架及挂安全网，当在地面或横向结构面上组装滑模装置时，应待模板滑至适当高度后，再安装内外吊脚手架，挂安全网。

（二）组装要求

模板的安装应符合下列规定：

（1）安装好的模板应上口小，下口大，单面倾斜度宜为模板高度的 0.1‰～0.3‰，对带坡度的筒壁结构，如烟囱等，其模板倾斜度应根据结构坡度情况适当调整。

（2）模板上口以下 2/3 模板高度处的净间距应与结构设计截面等宽。

（3）圆形连续变截面结构的收分模板必须沿圆周对称布置，每对的收分方向应相反，收分模板的搭接处不得漏浆。

（4）液压系统组装完毕，应在插入支承杆前进行试验和检查，并符合下列规定：①对千斤顶逐一进行排气，并做到排气彻底；②液压系统在试验油压下持压 5min，不得渗油和漏油；③整体试验的指标（如空载、持压、往复次数、排气等）应调整适宜，记录准确。

（5）液压系统试验合格后方可插入支承杆，支承杆轴线应与千斤顶轴线保持一致，其偏斜度允许偏差为 2∶1000。

（三）滑模装置组装的允许偏差

滑模装置组装完毕，必须按表 6-1 所列各项质量标准进行认真检查，发现问题应立即纠正，并做好记录。

表 6-1　　　　　　　　　　滑模装置组装的允许偏差

内　　容		允许偏差/mm
模板结构轴线与相应结构轴线位置		3
围圈位置偏差	水平方向	3
	垂直方向	3
提升架的垂直偏差	平面内	3
	平面外	2
安放千斤顶的提升架横梁相对标高偏差		5
考虑倾斜度后模板尺寸的偏差	上口	-1
	下口	+2
千斤顶位置安装的偏差	提升架平面内	5
	提升架平面外	5
圆模直径、方模边长的偏差		-2~+3
相邻两块模板平面平整偏差		1.5

项目 3　竖向结构滑模施工

近年来，滑模施工工艺不断得到改进，并且吸收了其他施工工艺的一些特点（如大模板等）。目前，除一般滑模施工工艺外，滑框倒模、支承杆在结构体外滑模以及液压千斤顶提升爬模等施工工艺也相继出现，并不断得到完善。这些施工工艺各有特点，可根据工程的具体情况，因地制宜地加以选用。

滑模施工工程应根据其结构特点及滑模工艺的要求，对工程设计的局部提出修改意见，确定不宜滑模施工部位的处理方法以及划分滑模施工作业的区段等。

（1）滑模施工必须根据工程结构的特点及现场的施工条件编制施工组织设计，并应包括下列主要内容：

1）施工总平面布置（含操作平台平面布置）。
2）滑模施工技术设计。
3）施工程序和施工进度安排（包含对季节气象条件的考虑）。
4）施工安全技术质量保证体系及其检查措施。
5）现场施工管理机构、劳动组织及人员培训。
6）材料、半成品、预埋件、机具和设备供应计划等。
7）特殊部位滑模施工作业指导书。

（2）施工总平面布置应满足下列要求：

1）施工总平面布置应满足施工工艺要求，减少施工用地和缩短地面水平运输距离。
2）在施工建筑物的周围应设立危险警戒区。警戒线至建筑物边缘的距离不应小于高度的 1/10，且不应小于 10m。对于烟囱类圆锥形变截面结构，警戒线距离应增大至其高度的 1/5，且不小于 25m。不能满足要求时，应采取安全防护措施。

3）临时建筑物及材料堆放场地等均应设在警戒区以外，当需要在警戒区内堆放材料时，必须采取安全防护措施。通过警戒区的人行道或运输通道均应搭设安全防护棚。

4）材料堆放场地应靠近垂直运输机械，堆放数量应满足施工速度的需要。

5）根据现场施工条件确定混凝土供应方式，当设置自备搅拌站时，宜靠近施工工程，其供应量必须满足混凝土连续浇灌的需要。

6）现场运输、布料设备的数量必须满足滑升速度的需要。

7）供水、供电必须满足滑模连续施工的要求。施工工期较长，且有断电可能时，应有双路供电或自备电源，操作平台的供水系统，当水压不够时，应设加压水泵。

8）确保测量施工工程垂直度和标高的观测站、点不受损坏，不受振动干扰。

（3）滑模施工技术设计应包括下列主要内容：

1）滑模装置的设计。

2）确定垂直与水平运输方式及能力，选配相适应的运输设备。

3）进行混凝土配合比设计，确定浇筑顺序、浇筑速度、入模时限以及混凝土的供应能力，应满足单位时间所需混凝土量的1.3～1.5倍。

4）确定控制施工精度的方法，选配观测仪器及设置可靠的观测点。

5）确定初滑程序、滑升制度、滑升速度和停滑措施。

6）制定滑模施工过程中结构物和施工操作平台稳定及纠偏、纠扭等技术措施。

7）制定操作平台组装与拆除的方案及有关安全技术措施。

8）制定施工工程某些特殊部位的处理方法和安全措施，以及特殊气候（低温、雷雨、大风、高温、干热等）条件下施工的技术措施。

9）绘制所有预留孔洞及预埋件在结构物上的位置和标高的展开图。

10）确定滑模平台与地面管理点、混凝土等材料供应点及垂直运输设备操纵室之间的通讯联络方式和设备，并应有多重系统保障。

11）制定滑模设备的维护管理制度，并有专人负责。

项目4 一般滑模施工

一、钢筋和预埋件

（一）钢筋

（1）钢筋的加工应符合下列规定：

1）横向钢筋的长度一般不宜大于7m，当要求加长时，应适当增加操作平台宽度。

2）竖向钢筋的直径小于或等于12mm时，其长度不宜大于5m，若滑模施工操作平台设计为双层并有钢筋固定架时，则竖向钢筋的长度不受上述限制。

（2）钢筋绑扎时，应保证钢筋位置准确，并应符合下列规定：

1）每一浇灌层混凝土浇筑完后，在混凝土表面以上至少应有一道绑扎好的横向钢筋。

2）竖向钢筋绑扎后，其上端应用限位支架等临时固定（图6-13）。

3）双层配筋的墙或筒壁，其立筋应成对并立排列，钢筋网片间应有"A"字形拉结筋或用焊接钢筋骨架定位。

4) 门窗等洞口上下两侧横向钢筋端头应绑扎平直、整齐，有足够钢筋保护层。下口横筋宜与竖钢筋焊接。

5) 钢筋弯钩均应背向模板面。

6) 必须有保证钢筋保护层厚度的措施（图6-14）。

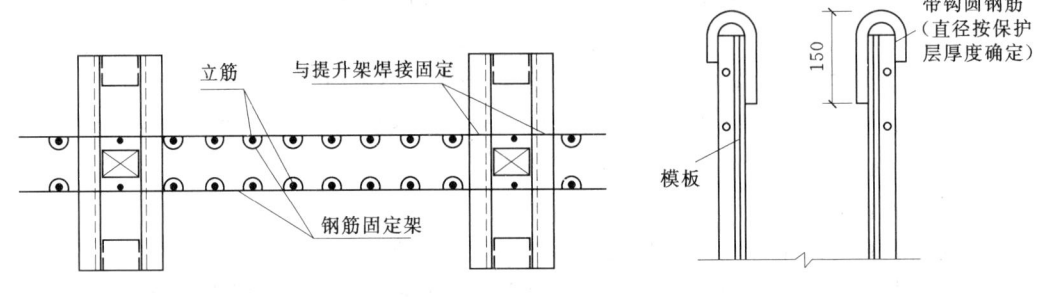

图6-13 垂直钢筋定位架　　　图6-14 保证钢筋保护层措施

7) 当滑模施工结构有预应力钢筋时，对预应力筋的留孔位置应有相应的成型固定措施。

8) 墙体顶部的钢筋如挂有砂浆，在滑升前应及时清除掉。

(3) 梁的配筋采用自承重骨架时，其起拱值应满足下列规定：

1) 当梁跨度小于或等于6m时，应为跨度的2‰～3‰。

2) 当梁跨度大于6m时，应由计算确定。

(二) 预埋件

预埋件的留设位置与型号必须准确。滑模施工前，应有专人熟悉图纸，绘制预埋件平面图，详细注明预埋件的标高、位置、型号及数量。必要时，可将所有预埋件统一编号，施工中采用消号的方法逐层留设，以防遗漏。

预埋件的固定，一般可采用短钢筋与结构主筋焊接或绑扎等方法连接牢固，但不得突出模板表面。模板滑过预埋件后，应立即清除表面的混凝土，使其外露，其位置偏差不应大于20mm。

对于安放位置和垂直度要求较高的预埋件，不应以操作平台上的某点作为控制点，以免因操作平台出现扭转而使预埋件位置偏移，应采用线锤吊线或经纬仪定垂线等方法确定位置。

二、支承杆

(1) 支承杆的直径、规格应与所使用的千斤顶相适应，第一批插入千斤顶的支承杆其长度不得少于4种，两相邻接头高差应不小于1m或φ25支承杆直径的35倍，同一高度上支承杆接头数不大于总量的1/4。

当采用钢管支承杆且设置在混凝土体外时，对支承杆的调直、接长、加固应做专项设计，确保支承体系的稳定。

(2) 支承杆上如有油污应及时清除干净，对兼作受力钢筋的支承杆其表面不得有油污。

(3) 对采用平头对接、榫接或丝扣接头的非工具式支承杆，当千斤顶通过接头部位后，应及时对接头进行焊接加固，当采用钢管支承杆并设置在混凝土体外时，应采用工具式扣件及时加固。

（4）采用钢管做支承杆时应符合下列规定：

1）支承杆宜为 $\phi48\times3.5$ 焊接钢管，管径允许偏差为 $-0.2\sim0.5mm$。

2）采用焊接方法接长钢管支承杆时，钢管上端平头，下端斜角 $2\times45°$；接头处进入千斤顶前，先点焊三点以上并磨平焊点，通过千斤顶后进行围焊；接头处加焊衬管或加焊与支承杆同直径钢筋，衬管长度应大于 200mm。

3）采用工具式支承杆时，钢管两端分别焊接螺母和螺杆，螺纹宜为 M35，螺纹长度不宜小于 40mm，螺杆和螺母应与钢管同心。

4）工具式支承杆必须调直，其平直度偏差不应大于 1/1000，相连接的两根钢管应在同一轴线上，接头处不得出现弯折现象。

5）工具式支承杆长度宜为 3m。第一次安装时可配合采用 4.5m，1.5m 长的支承杆，使接头错开；当建筑物每层净高（即层高减楼板厚度）小于 3m 时，支承杆长度应小于净高尺寸。

（5）选用 $\phi48\times3.5$ 钢管支承杆时，支承杆可分别设置在混凝土结构体内或体外，也可体内、体外混合设置，并应符合下列要求：

1）当支承杆设置在结构体内时，一般采用埋入方式，不回收，当需要回收时，支承杆应增设套管，套管的长度应从提升架横梁下至模板下缘。

2）当支承杆设置在结构体外时，一般采用工具式支承杆。支承杆的制备数量应能满足 5~6 个楼层高度的需要；必须在支承杆穿过楼板的位置用扣件卡紧，使支承杆的荷载通过传力钢板、传力槽钢传递到各层楼板上。

3）设置在体外的工具式支承杆可采用脚手架钢管和扣件进行加固。当支承杆为群体时，相互间采用纵、横向钢管水平连接成整体；当支承杆为单根时，可用 2 根钢管和扣件与支承杆平行进行竖向连接。

（6）用于筒壁结构施工的非工具式支承杆，当通过千斤顶后，应与横向钢筋点焊连接，焊点间距不宜大于 500mm，点焊时严禁损伤受力钢筋。

（7）当发生支承杆失稳，被千斤顶带起或弯曲等情况时，应立即进行加固处理。对兼做受力钢筋使用的支承杆，加固时应满足受力钢筋的要求。当支承杆穿过较高洞口或模板滑空时，应对支承杆进行加固。

（8）工具式支承杆可在滑模施工结束后一次拔出，也可在中途停歇时拔出。分批拔出时应按实际荷载确定每批拔出的数量，并不得超过总数的 1/4。对墙板结构、内外墙交接处的支承杆，不宜中途抽拔。

三、混凝土

（1）用于滑模施工的混凝土，应事先做好混凝土配合比的试配工作，其性能除应满足设计所规定的强度、抗渗性、耐久性以及施工季节等要求外，尚应满足下列规定：

1）混凝土早期强度的增长速度，必须满足模板滑升速度的要求。

2）薄壁结构的混凝土宜用硅酸盐水泥或普通硅酸盐水泥配制。

3）混凝土坍落度，宜符合表 6-2 的规定。

表 6-2　　　　　　　　　　　　混凝土浇筑时的坍落度

结 构 种 类	坍落度/mm	
	非泵送混凝土	泵送混凝土
墙板、梁、柱	50～70	140～200
配筋密集的结构（筒壁结构及细柱）	60～90	140～200
配筋特密结构	90～120	140～200

注　采用人工捣实时，非泵送混凝土的坍落度可适当增加，表中"坍落度"系指混凝土入模时的坍落度。

4）在混凝土中掺入的外加剂或掺合料，其品种和掺量应通过试验确定。

5）高强度等级混凝土（可用至C50），尚应满足流动性、包裹性、可泵性和可滑性等要求，并应使入模后的混凝土凝结速度与模板滑升速度相适应。混凝土配合比设计初定后应作滑升模拟试验，再作调整。

（2）混凝土的浇筑应满足下列规定：

1）必须分层均匀对称交圈浇灌，每一浇灌层的混凝土表面应在一个水平面上，并应有计划均匀地变换浇灌方向。

2）分层浇灌的厚度不应大于200mm。

3）各层混凝土浇灌的间隔时间（包括混凝土运输、浇筑及停歇的全部时间）不得大于混凝土的凝结时间（相当于混凝土达 $0.35kN/cm^2$ 贯入阻力值时的时间），当间隔时间超过规定，接槎处应按施工缝的要求处理。

4）在气温高的季节，宜先浇灌内墙，后浇灌阳光直射的外墙；先浇灌墙角、墙垛及门窗洞口等的两侧，后浇灌直墙；先浇灌较厚的墙，后浇灌较薄的墙。

5）预留孔洞、门窗口、烟道口、变形缝及通风管道等两侧的混凝土应对称均衡浇灌。

（3）在采用布料机布送混凝土时应符合下列规定：

1）布料机的活动半径应能覆盖全部待浇混凝土的部位。

2）布料机的活动高度应能满足模板系统和钢筋的高度。

3）布料机不宜直接支承在滑升平台上，当必须支承在平台上时，支承系统必须专门设计，并有大于2.0的安全储备。

4）布料机和泵送系统之间应有可靠的通信联系，混凝土应布料在操作平台上，不应直接送入模板内，并应严格控制每一区域的布料数量。

5）平台上的混凝土渣应及时清出，不得铲入模板内或掺入新混凝土中使用。

6）晚间作业时应有足够的照明。

（4）混凝土的振捣应满足下列要求：

1）振捣混凝土时振捣器不得直接触及支承杆、钢筋或模板。

2）振捣器插入前一层混凝土内深度不应超过50mm。

（5）每次提升后，应对脱出模板下口的混凝土表面进行如下检查：

1）情况正常时，对混凝土表面先作常规修整，然后进行设计规定的水泥砂浆抹面。

2）若有裂缝或坍塌，应及时研究处理。

（6）混凝土的养护应符合下列规定：

1）混凝土出模后应及时进行修整，必须及时进行养护。

2）养护期间，应保持混凝土表面湿润，除冬季施工外，养护时间不少于7d。
3）养护方法宜选用连续喷雾养护或喷涂养护液。

四、用贯入阻力测量混凝土凝固的试验方法

贯入阻力试验是在筛出混凝土中粗骨料的砂浆中进行，其原理是以1根测杆在约10s的时间内垂直插入砂浆中25mm深度，通过测量杆端部单位面积上贯入阻力的大小，判定混凝土凝固的状态。

（一）试验仪器与工具

（1）贯入阻力仪：测杆荷载的指示读数精度应准确至5N，附有可拆装的测杆5个，其承压面积为100mm²、50mm²、25mm²、12.5mm²、14mm²五种，测杆长100mm，在距贯入端25mm处刻一圈标记可由100kg磅秤改制而成。

（2）砂浆试模：试模高度为150mm，圆柱体试模的内径为150mm，也可用边长为150mm的立方体试模，试模需用刚性不吸水的材料制作。

（3）捣固棒：直径16mm，长约500mm，一端为半球形。

（4）筛子：筛取砂浆用，筛孔直径为5mm的标准筛。

（5）吸液管：用以吸除砂浆试件表面的泌水。

（6）其他工具：温度表、钟表等。

（二）砂浆试件的制备及养护

（1）从要进行测试的混凝土拌合物中取出有代表性的试样，用筛子把砂浆筛落在不吸水的垫板上，砂浆量满足要求后，再由人工搅拌均匀装入试模中。捣实后砂浆表面低于试模上沿约10mm。

（2）砂浆试件可用振动器，也可人工捣实。振捣器的振动在砂浆平面大致形成的停止；人工捣实时，在试件表面每隔20～30mm用棒插捣一次，然后用棒敲击试模周边，使插捣的印穴弥合，表面用抹子轻轻抹平。

（3）试件捣实后，置于温度20±3℃的环境中进行养护，避免阳光直晒，为不使水分过快蒸发可加以覆盖，等待试验。

（三）测试方法

（1）在测试前5min吸除试件表面的泌水。吸除时，试模可稍微倾斜，但要避免振动和强力摇动。

（2）根据混凝土砂浆凝固情况，选用适当规格的贯入测杆，其参考数值见表6-3。

表6-3   贯入测杆参考数值

贯入阻力/MPa	0.2～3.5	3.5～20	20～28
测杆截面积/mm²	100	50	20

（3）测试时，将砂浆试模置于测试平台上，读记砂浆与试模重量之和作为基数；然后将测杆端部与砂浆表面接触，按动手柄，徐徐加压，约在10s的时间内，使测杆贯入砂浆深度25mm，并记录贯入阻力仪的指针读数，此值扣除砂浆及试模重量，即为贯入压力（F）。

（4）对于一般混凝土，在常温下，贯入阻力的测试时间，可以从搅拌后2h开始，每

隔 1h 测试一次，每次测 3 点（不少于 2 点），直至贯入阻力达到 $2.8kN/cm^2$ 时为止。对于速凝或缓凝的混凝土及气温过高或过低时，可适当调整测试时间。

（5）计算贯入阻力。将测杆贯入时所需的力除以测杆截面面积，即得贯入阻力。每次测试的三点取平均值，当三点数值的最大差异超过20%时，取相近两点的平均值。

（四）试验报告

1. 试验的原始资料

（1）混凝土配合比，水泥、粗细骨料品种，水灰比等。

（2）附加剂类型及掺量。

（3）混凝土坍落度。

（4）筛出砂浆的温度及试验环境温度。

（5）试验日期。

2. 绘制混凝土贯入阻力曲线

以贯入阻力为纵坐标（kN/cm^2），以混凝土龄期（h）为横坐标，收集试验数据不少于6个，绘制曲线。

3. 分析及应用

（1）按施工技术规范所要求的混凝土出模应达到的贯入阻力范围，从混凝土贯入阻力曲线上，可以得出混凝土的最早出模时间（龄期）及适宜的滑升速度范围，并可以此检查实际施工时的滑升速度是否合适。

（2）滑升速度确定后，可从事先绘制好的混凝土凝固的贯入阻力曲线中，选择与已定滑升速度相适应的混凝土配合比。

（3）在现场施工中，及时测定所用混凝土的贯入阻力，校核滑升时间是否合适。

五、模板的滑升

滑升过程是滑模施工的主导工序，其他各工序作业均应安排在限定时间内完成，不宜以停滑或减缓滑升速度来迁就其他作业。

在确定滑升程序或平均滑升速度时，除应考虑混凝土出模强度要求外，还应考虑下列相关因素：①气温条件；②混凝土原材料及强度等级；③结构特点：包括结构形状、构件厚度及配筋的变化数；④模板条件：包括模板表面状况及清理维护情况等。

模板的滑升分为初滑、正常滑升和完成滑升三个阶段。

（1）模板的初滑阶段。初滑时首次分层交圈浇筑的混凝土至 500~700mm（或模板高度的 1/2~2/3）高度后，第一层混凝土强度达到 0.2MPa 左右（相当贯入阻力值 $0.4kN/cm^2$）应进行 1~2 个千斤顶行程的提升，并对滑模装置和混凝土凝结状态进行检查，确定正常后，方可转为正常滑升。

（2）正常滑升阶段。

1）正常滑升过程中，两次提升的时间间隔不应超过 0.5h。

2）提升过程中，应使所有的千斤顶充分的进油、排油。提升过程中，如出现油压增至正常滑升工作压力值的 1.2 倍，则不能使全部千斤顶升起时，应停止提升操作，立即检查原因，及时进行处理。

3）在正常滑升过程中，操作平台应保持基本水平。每滑升200～400mm，应对各千斤顶进行一次调平（如采用限位调平卡等），特殊结构或特殊部位的滑升应按施工组织设计的相应要求实施。各千斤顶的相对标高差不得大于40mm。相邻两个提升架上千斤顶升差不得大于20mm。

4）连续变截面结构，每滑升200mm高度，至少应进行一次模板收分。模板一次收分量不宜大于7mm。当结构的坡度大于3.3％时，应减小每次提升高度，当设计支承杆数量少时应适当降低其设计承载能力。

5）在滑升过程中，应检查和记录结构垂直度、水平度、扭转及结构截面尺寸等偏差数值。检查及纠偏、纠扭应符合下列规定：①对连续变截面和整体刚度较小的结构，如烟囱、电视塔、水塔、单体筒仓、独立柱、小型框架等，每滑升200～300mm高度检查、记录一次；②对整体刚度较大的结构，每滑升-1cm至少检查、记录一次；③在纠正结构垂直度偏差时，应缓慢进行，避免出现硬弯；④当采用倾斜操作平台的方法纠正垂直偏差时，操作平台的倾斜度应控制在1％之内；⑤对圆形筒壁结构，任意3m高度上的相对扭转值不应大于30mm，且任意一点的全高最大扭转值不应大于200mm；⑥在滑升过程中，应随时检查操作平台结构、支承杆的工作状态及混凝土的凝结状态，如发现异常，应及时分析原因并采取有效的处理措施；⑦框架结构柱子模板的停歇位置，宜设在梁底以下100～200mm处；⑧在滑升过程中，应及时清理粘结在模板上的砂浆和转角模板、收分模板与活动模板之间的夹灰，不得将已硬结的干灰落入模板内混进混凝土中；⑨滑升过程中不得出现油污，凡被油污染的钢筋和混凝土，应及时处理干净。

（3）模板的完成滑升阶段。模板的完成滑升阶段，又称作末升阶段。当模板滑升至距建筑物顶部标高1m左右时，滑模即进入完成滑升阶段。此时应放慢滑升速度。并进行准确的抄平和找正工作，以使最后一层混凝土能够均匀地交圈，保证顶部标高及位置的正确。

（4）停滑措施。因施工需要或其他原因不能连续滑升时，应有准备地采取下列停滑措施：①混凝土应浇灌至同一标高；②模板应每隔一定时间（接近混凝土初凝时间前或出模混凝土强度达到贯入阻力值$0.30kN/cm^2$）提升1～2个千斤顶行程，直至模板与混凝土不再黏结为止。对滑空部位的支承杆，应采取适当的加固措施；③采用工具式支承杆时，在模板滑升前应先转动并适当托起套管，使之与混凝土脱离，以免将混凝土拉裂；④继续施工时，应对模板与液压系统进行检查。

模板滑空工况时应事先验算支承杆在操作平台自重、施工荷载、风荷载等共同作用下的稳定性。稳定性不满足要求时，应对支承杆采取可靠的加固措施，并适当增加支承杆数量。

混凝土出模强度宜控制在0.2～0.4MPa，或贯入阻力值为$0.30～1.05kN/m^2$。

六、阶梯形变截面壁厚的处理

1. 调整丝杠法

在提升架立柱上设置调整围圈和模板位置的丝杠（螺栓）和支撑，模板滑升至变截面的位置，调整丝杆移动围圈和模板（图6-15）。此法调整壁厚比较简便，但提升架制作比较复杂，而且在调整过程中，必须处理好转角处围圈和模板变截面前后的节点连接。

2. 衬模板法

按变截面结构宽度制备好衬模,待滑升至变截面部位时,将衬模固定于滑动模板的内侧,随模板一起滑动(图6-16)。这种方法构造比较简单,缺点是需另制作衬模板。

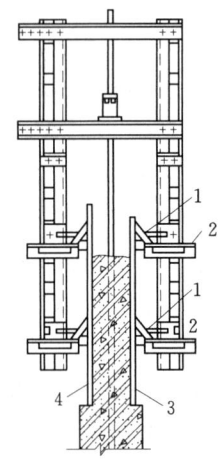
图6-15 调整丝杠法
1—调整丝杠;2—承托角钢;3—内模板;4—外模板

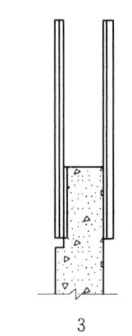
图6-16 衬模板示意图

3. 平移提升架立柱法

在提升架的立柱与横梁之间装设一个顶进丝杠,变截面时,先将模板提空,拆除平台板及围圈桁架的活接头,然后拧紧顶进丝杠,将提升架立柱连带围圈和模板向变截面方向顶进,至要求的位置后,补齐模板,铺好平台,改模工作即告完成(图6-17)。

4. 模板双挂钩法

在需要变截面一侧的模板背后,设计成双挂钩,依靠挂钩的不同凹槽位置,来调整模板的位置,如图6-18所示。

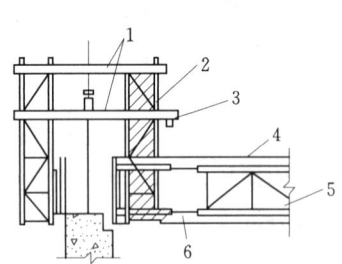
图6-17 平移提升架立柱法
(图中阴影线为位移示意)
1—提升架横梁;2—提升架立柱;3—顶进丝杠;
4—向内模板;5—围圈桁架;6—围圈活接头

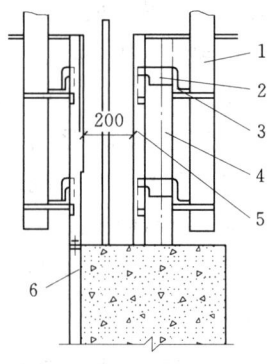
图6-18 模板双挂钩装置
1—提升架;2—模板双挂钩;3—围圈;
4—调整前内圆模板位置;5—调整后
内圆模板位置;6—外挂模板

当滑升至需要改变壁厚时，停止浇灌混凝土，空滑到一定高度后停止。此时上下围圈与桁架及提升架均不动，只将模板的双挂钩的外钩挂在上下围圈上，与模板双挂钩相连的模板也相应向外窜动。整个过程仅需一天半时间，既改变了壁厚，也大大缩短了工期。

七、墙、柱、梁同步滑模工程实例

武汉国际贸易中心工程，总建筑面积125000m²。主楼平面呈纺锤形，结构型式为内筒及四角为剪力墙、外筒为框架现浇钢筋混凝土结构。水平结构为无黏结预应力密肋梁楼板，梁宽为200mm，梁高为500~650mm、间距为800~850mm。每层密肋梁数量为144根。该工程地下2层，地上53层，建筑物高度为205m，标准层建筑面积2300m²（图6-19）。

标准层建筑长度为63m、中部宽度为37m、两端宽度为32m，四角为圆弧形。层高设定为首层为5.4m，2~4层为4.9m，5层为5.7m，6层5.4m，7~51层为3.5m，52层为4.9m，53层为6.9m。

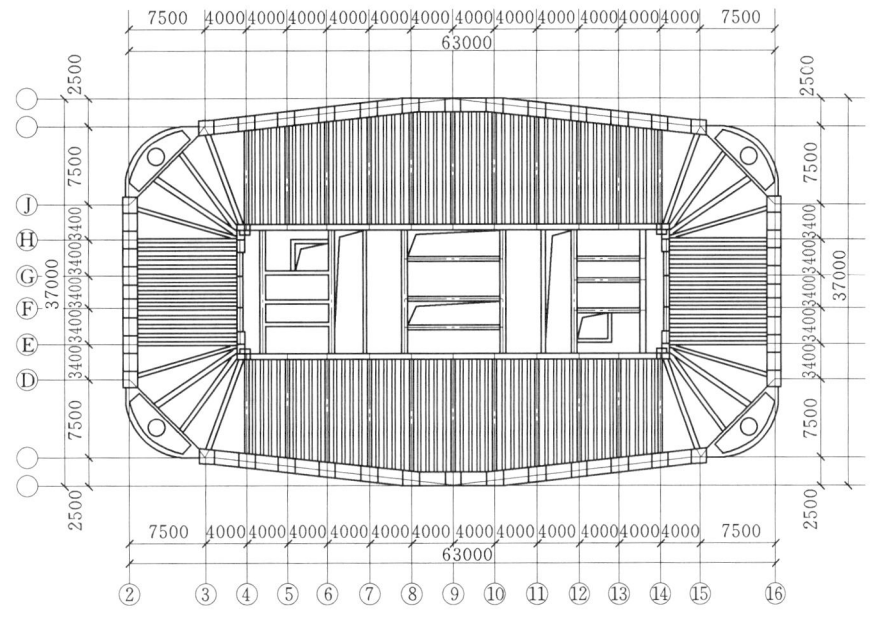

图6-19 武汉国贸中心标准层平面图

内筒剪力墙厚由550m变四次截面至300mm，框架梁柱宽由1350mm变四次截面至550mm。混凝土等级11层以下为C55，12~20层为C50，24~35层为C45，36层以上为C40。标准层（以第7层为例）混凝土量为1495m³。

自±0.00开始主体结构（墙、柱、梁）采用逐层空滑楼板并进行同步整体滑模工艺施工。滑模的模板面积（包括插板）共3600m²，总长度为4000m。采用中建柏利工程技术发展公司的围圈模板合一的大型钢模板，标准模板高度为900mm和1200mm，宽度为900mm、1200mm、1500mm、1800mm、2100mm、2400mm，宽度不足部分采用非标准调节模板或拼条。外墙模板由于无黏结预应力筋同其交叉，被分割成600mm宽一块，包括200mm宽的插板在内，中距800mm。将模板和围圈、活动支腿组成为模板空间结构，既可固定又可调节，保证了外形尺寸的准确。

滑模总荷载20000kN，采用江都建筑专用设备厂生产的QYD-60型楔块式千斤顶886台。每台千斤顶额定起重量6t，工作起重量3t。实际每台千斤顶的平均荷载为22.6kN。

液压系统采用分区、分组并联环形油路，4台HY-72型控制台，分10个区形成同步增压系统，每个区的环形油路至控制台的主油管长度基本相等。

支承杆采用$\phi 48 \times 3.5$钢管。在剪力墙与框架梁、柱部位，支承杆设在结构体内；在密肋梁与斜梁部位，支承杆设在结构体外，体内、体外同步整体滑升。本工程埋入式支承杆占1/3，工具式支承杆占2/3。工具式支承杆之间用钢管扣件连接加固。

工具式支承杆穿过三层楼板，底部悬空，即只配备三层长度。在工具式支承杆穿过楼板位置处，用脚手架钢管扣件将支承杆卡紧在楼板面上，使支承杆承受的荷载通过扣件及传力钢板和槽钢传递到三层已浇筑的密肋梁板上。

梁底模采用早拆支撑体系，当梁混凝土达到一定强度后，留下支撑，其余模板可提前拆除。

根据提升架所在的不同部位，分别设置固定提升架、收分提升架和单柱提升架等，所有提升架均采用"门"形架，并同模板直接连接，通过活动支腿可调节模板的倾斜度和混凝土的截面尺寸。当施工中出现粘模现象时，也可通过活动支腿将模板与已浇筑的混凝土脱开。

垂直运输采用2台1250kN·m塔吊（安装高度240m）和2台德国进口的混凝土输送泵。混凝土浇筑采用2台上海住乐建机厂生产的ZB-17型自升折臂式混凝土布料机，可使每个混凝土浇筑层的施工时间缩短1/3～1/2，而且布料均匀，如图6-20所示。

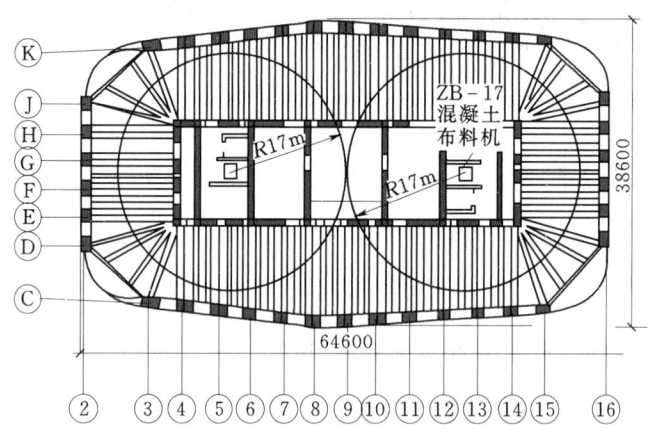

图6-20 武汉国贸中心工程滑模混凝土布料图

武汉国贸中心工程不仅墙、柱、梁整体滑升的每层建筑面积（2300m²）为目前我国滑模工程之最，而且采用了多项滑模施工新技术和新工艺，主要如下：

（1）采用大吨位（6t）千斤顶，配合$\phi 48 \times 3.5$钢管支承杆，布置于结构体内和体外整体同步滑升液压滑模工艺。

（2）每层水平结构 144 根内外筒密肋联系梁采用无粘结预应力钢纹线并与滑模同步施工。

（3）混凝土浇筑采用 ZB 型自升式折臂布料机。

（4）采用激光观测和计算机、闭路电视进行纠正偏、扭等监控动态管理。

上述技术与工艺进一步完善了大型高层建筑工程滑模施工工艺，取得了较好的效益。每层结构施工时间，非标准层 7 天，标准层 5 天，由中建三局二公司承建。

学习情境七　模板工程质量控制

混凝土结构工程施工的实践证明，其位置、形状、尺寸和施工质量如何，在很大程度上与模板的制作、安装和拆除质量密切相关。如果模板制作良好、安装正确、形状准确、固定牢靠，浇筑后的混凝土结构质量自然会符合设计要求，在施工中也能确保施工人员的安全。如果模板的制作、安装和拆除不符合设计要求，浇筑的混凝土结构必然也不合格。因此，加强对模板工程的质量控制，是模板工程施工中意向非常重要的内容。

项目1　模板验收的一般规定

为确保模板工程符合混凝土结构的设计要求，模板在制作和安装完毕后，必须按照有关规定进行检查验收。模板检查验收的项目内容、质量验收要求、验收基本方法和质量控制要点，见表7-1。

表7-1　　　　　　　　　　模板检查验收的一般规定

项目内容	质量验收要求	验收方法	质量控制要点
模板及其支架的基本要求	模板及其支架应根据工程结构形式、荷载大小、地基土类别、施工设备和材料供应等条件进行设计。模板及其支架应具有足够的承载能力、刚度和稳定性，能可靠地承受混凝土的重量、侧压力以及施工荷载	检查模板施工方案	这项质量控制提出了对模板及其支架的基本要求，这是保证模板及其支架的安全，并对混凝土结构成型质量起重要作用的项目。多年的工程实践经验证明，这些对保证混凝土结构的施工质量是十分重要的。这是一项强制性条文，应严格执行
混凝土浇筑对模板的要求	在正式浇筑混凝土之前，应对模板工程进行验收。模板安装和浇筑混凝土时，应对模板及其支架进行观察和维护。当发生异常情况时，应按施工技术方案及时进行处理	检查模板验收记录并在浇筑混凝土时派专人看护	在浇筑混凝土的施工中，模板及其支架在混凝土重力、侧压力及施工荷载等作用下，胀模（变形）、跑模（位移）和坍塌等质量问题时有发生。为了避免出现事故，保证工程质量和施工安全，提出了对模板及其支架进行观察、维护和发生异常情况时及时进行处理的要求
模板及其支架拆除的指导文件	模板及其支架拆除的顺序及其安全措施应按施工技术方案执行	检查末班施工方案	模板及其支架拆除的顺序及相应的施工安全措施，对于避免出现重大工程事故非常重要，在制定施工技术方案时应考虑周全。模板及其支架拆除时，混凝土结构可能尚未形成设计要求的受力体系，必要时应加设临时支撑。后浇混凝土模板的拆除及支顶易被忽视而造成结构缺陷，应当引起特别注意。这也是一项强制性条文，应严格执行

项目 2　模板工程质量验收标准

一、模板工程质量验收标准

1. 模板安装

模板的安装是混凝土结构工程施工的关键环节。如果模板安装的质量不符合设计要求，也就无法浇筑出来形式正确、尺寸正确的混凝土结构；如果模板安装不牢固，甚至会出现人身安全事故，造成不可弥补的巨大损失。因此，严格控制模板的安装质量，是混凝土结构工程施工中极其重要的内容。

模板工程安装的质量要求及检验项目、方法等内容广泛，其安装质量控制要点见表 7-2。

表 7-2　　　　　　　　　　　　模板安装质量控制要点

项目内容	质　量　控　制	验　收　方　法	控　制　要　点
模板支撑立柱位置和垫板	安装现浇结构的上层模板及其支架时，下层楼板应具有承受上层荷载的承载能力，或加设支架；上、下层支架的立柱应对准，并铺设垫板，要通过设计计算确定	检查数量：全数检查。检查方法：对照模板设计文件和施工技术方案观察	现场浇筑多层房屋和结构区的模板及其支架安装时，上、下层的立柱应对准，以利于混凝土重力及施工荷载的传递，这是保证混凝土施工安全和施工质量的有效措施。在现行规范中，凡规定全数检查的项目，通常均采用观察检查的方法，但对通过观察难以判定的部位，应辅以量测检查
避免隔离剂的危险	涂刷模板隔离剂时，要按顺序和位置小心涂刷，不得玷污钢筋和混凝土接槎处	检查数量：全数检查。检查方法：观察	隔离剂污染钢筋和混凝土的接槎处，可能对混凝土结构性能造成明显的不利影响，在施工中应当避免
模板安装的一般要求	模板的接缝处不应漏浆；在浇筑混凝土前，木模板应浇水湿润，但模板内不应有积水现象；模板与混凝土的接触面应清理干净并涂刷隔离剂，但不得采用影响结构性能或妨碍装饰工程施工的隔离剂；浇筑混凝土前，模板内的杂物应清理干净；对清水混凝土工程及装饰混凝土工程，应使用能达到设计效果的模板	检查数量：全数检查。检查方法：观察	无论是采用何种材料制作的模板，其接缝处都应保证不漏浆。木模板浇水湿润有利于接缝闭合而不产生漏浆，但因胶水湿润后产生膨胀，所以木模板安装时的接缝也不宜过于严密。模板内部与混凝土的接触面应清理干净，以避免出现夹渣等缺陷。本条还对清水混凝土工程机装饰混凝土工程所使用的模板提出要求，以适应混凝土结构施工技术发展的需要
用作做模板的地坪、胎膜板的质量	用作模板的地坪、胎模等应平整光洁，不得产生影响构件质量的下沉、裂缝、起砂或起鼓	检查数量：全数检查。检查方法：观察	本条对用作模板的地坪、胎膜板等提出平整光洁的要求，这项要求是为了保证预制构件的成型质量

续表

项目内容	质量控制	验收方法	控制要点
预制构件模板的允许偏差	预制构件模板的允许偏差应符合表7-3中的规定	检查数量：首次使用及大修后的模板全数检查；使用中的模板定期检查，并根据使用情况不定期抽查	用于模板对保证构件质量非常重要，且不合格模板容易返修成合格品，允许模板进行修理，合格后方可投入使用。施工单位应根据构件质量检验得到的模板质量反馈信息，对连续周转使用的模板定期检查应不定期抽查
预埋件、预留孔洞的允许偏差	固定在模板上的预埋件、预留孔和预留洞均不得遗漏，且应安装牢固，其允许偏差应符合表7-4规定	检查数量：在同一检验批内，对梁、柱和独立基础，应抽查构件数量的10%，且不少于3件；对墙和板，应按代表性随机抽查10%，且均不少于3件；对大空间结构，墙可按相邻轴线间高度5m左右划分检查面，板可按纵横轴划分检查面，抽查10%，且均不少于3面。 检查方法：钢尺检查	对于预埋件的外露长度，只允许有正的偏差，不允许有负偏差；对于预留孔洞内部尺寸，只允许偏大，不允许偏小。在允许偏差表中，不允许的偏差都以"0"表示。 在现行的新规范中，尺寸偏差的检验除了可采用条文中给出的方法外，也可以采用其他方法和相应的检测工具
现浇结构模板的允许偏差	现浇结构模板的允许偏差应符合表7-5的规定	检查数量：在同一检验批内，对梁、柱和独立基础，应抽查构件数量的10%，且不少于3件；对墙和板，应按代表性随机抽查10%，且均不少于3件；对大空间结构，墙可按相邻轴线间高度5m左右划分检查面，板可按纵横轴划分检查面，抽查10%，且均不少于3面。 检查方法：钢尺检查	对于一般项目，在不超过20%的不合格检查点中不得有影响结构安全和使用功能的过大尺寸偏差。对于有特殊要求的结构中的某些项目，当有专门标准规定或设计要求时，尚应符合相应的要求
模板起拱的高度	对跨度不小于4m的现浇钢筋混凝土梁、板，为不确保浇筑后中间不出现下沉，其模板应按设计要求进行起拱；当设计无具体要求时，起拱高度宜为跨度的1/1000～3/1000	检查数量：在同一检验批内，对梁，应抽查构件数量的10%，且不少于3件；对板，应按有代表性的自然间抽查10%，且不少于3件；对大空间结构，板可按纵、横轴线划分检查面，抽查10%，且不少于3面。 检查方法：水准仪或拉线、钢尺检查	对于跨度较大的现浇混凝土梁和板，考虑到它们自重的影响，适度起拱有利于保证构件的形状和尺寸。执行时应注意本条的直拱高度未包括设计起拱值，而只考虑模板本身在荷载作用下的下垂，因此对钢模板可取偏大值

表 7-3　　　　　　　　预制构件模板的允许偏差及检验方法

项　　目		允许偏差/mm	检验方法
长度	板、梁	±5	钢直尺梁量两角边，取其中较大值
	薄腹梁、桁架	±10	
	柱	0，-10	
	墙板	0，-5	

续表

项　目		允许偏差/mm	检验方法
宽度	板、墙板	0，-5	钢直尺量一端及中部，取其中较大值
	梁、薄腹梁、桁架、柱	+2，-5	
高（厚）度	板	+2，-3	钢直尺量一端及中部，取其中较大值
	墙板	0，-5	
	梁、薄腹梁、桁架、柱	+2，-5	
侧向弯曲	梁、板、柱	$L/1000$ 且≤15	拉线、钢直尺量最大弯曲处
	墙板、薄腹梁、桁架	$L/1500$ 且≤15	
板的表面平整度		3	2m靠尺和塞尺检查
相邻两板表面高低差		1	钢直尺检查
对角线差	板	7	钢直尺量两个对角线
	墙板	5	
翘曲	板、墙板	1/1500	用调平尺在两端量测
设计起拱	薄腹梁、桁架、梁	±3	拉线、钢直尺量跨中

表7-4　　　　　　　　预埋件和预留孔洞的允许偏差

项目		允许偏差/mm	项目		允许偏差/mm
预埋钢板中心线位置		3	预埋螺栓	中心线位置	2
预埋管、预留孔中心线位置		3		外露长度	+10，0
插筋	中心线位置	5	预留洞	中心线位置	10
	外露长度	+10，0		尺寸	+10，0

注　检查中心线位置时，应按纵横两个方向量测，并取其中的较大值。

表7-5　　　　　　　　现浇结构模板安装的允许偏差

项　目		允许偏差/mm	检验方法
轴线位置		5	钢尺检查
底模上表面标高		±5	水准仪或拉线、钢尺检查
截面内尺寸	基础	±10	钢尺检查
	柱、墙、梁	+4，-5	钢尺检查
层高垂直度	≤5m	6	经纬仪或吊线、钢尺检查
	>5m	8	经纬仪或吊线、钢尺检查
相邻两板表面高低差		2	钢尺检查
表面平整度		5	2m靠尺和塞尺检查

注　检查轴线位置时，应按纵横两个方向量测，并取其中的较大值。

2. 模板拆除

模板拆除也是混凝土结构工程施工中的重要环节。如果拆除时间过早或过迟，不仅将会造成对混凝土或模板的损坏，而且拆除十分困难；如果拆除方法不当，很可能对操作人员的安全造成威胁。因此，对于模板的拆除也应引起足够的重视，按照规定的时间、方法和顺序进行，才能达到拆除容易、结构完好、模板完整、安全可靠的要求。

模板拆除的质量要求及检验内容见表7-6。

表7-6　　　　　　　　　　　模板拆除的质量要求及检验

项目	项目内容	质量要求	质量检验
主控项目	底模及其支架拆除时的混凝土强度	底模及其支架拆除时的混凝土强度应当符合设计要求；当设计无具体要求时，混凝土强度应符合表7-7中的规定	检查数量：全数检查 检查方法：检查同条件养护试件强度实验报告
	后张法预应力构件侧面模板和底模的拆除时间	对于后张法预应力混凝土结构构件，侧面模板宜在预应力张拉前拆除；底模支架的拆除应按施工技术方案执行，当无具体要求时，不应在结构构件建立预应力前拆除	检查数量：全数检查 检查方法：观察
	后浇混凝土带拆除和支顶	后浇混凝土带模板的拆除和支顶应按施工技术方案执行	检查数量：全数检查 检查方法：观察
一般项目	避免拆除模板损伤	侧面模板拆除时的混凝土强度应能保证其表面及棱角不受损伤	检查数量：全数检查 检查方法：观察
	模板拆除、堆放和清运	模板拆除时，不应对楼层形成冲击荷载。拆除的模板和支架宜分散摊放并及时清运	检查数量：全数检查 检查方法：观察

表7-7　　　　　　　　　　　底模拆除时的混凝土强度要求

构件类型	构件跨度/m	达到设计的混凝土立方体抗压强度标准值的百分率
板	≤2	≥50%
	>2, ≤8	≥75%
	>8	≥100%
梁、拱、壳	≤8	≥75%
	>8	≥100%
悬臂构件		≥100%

二、模板质量验收文件

模板工程质量验收文件主要包括以下内容：

（1）模板设计及施工技术方案。
（2）技术复核单。
（3）检验批质量验收记录。
（4）模板分项工程质量验收记录。

三、质量验收记录内容与要求

1. 模板设计图

在进行模板配板布置及支撑系统布置的基础上，要严格对其强度、刚度及稳定性进行验算，合格后要绘制全套模板设计图，其中包括模板平面布置配板图、分块图、组装图、节点大样图、零件及非定型拼接件加工图。

2. 施工物资资料

施工物资资料包括各种模板及连接件、隔离剂等出厂合格证及质量证明文件。

3. 施工记录

（1）预检记录。模板：检查几何尺寸、轴线、标高、预埋件及预留孔位置、模板牢固性、接缝严密性、起拱情况、清扫口留置、模内清理、脱模剂涂刷、止水要求等；节点做法，放样检查。预检的分项工程完成后，由专业工长填写预检记录，项目技术负责人组织，项目质量检查员、专业工长及班组长参加验收并将检查意见填入栏内。如检查中发现问题，施工班组进行整改后，再对本分项工程进行复验，将复查意见填入复查栏中。未经预检或预检未达到合格标准的不得进入下道工序。

（2）工序交接检查记录。在上一道工序完成并进入下一道工序时，要由质检员组织上、下工序施工负责人进行工序施工交接检查，对上一道工序的施工质量进行检查，质量合格后才能进入下一工序，上一工序施工负责人要对下一工序施工负责人进行质量、技术、数据交接，填写工序交接检查记录单，并签字确认。

（3）混凝土拆模申请单。在拆除现浇混凝土结构板、梁、悬臂等构件底模柱墙侧模前，应填写混凝土拆模申请单并附同条件混凝土强度报告，报项目专业技术负责人审批，通过后方可拆模。

（4）施工试验记录。作为拆模参考的同条件混凝土抗压强度试验报告，同条件养护的试块数量应与28天标养的混凝土试块数量相同。

（5）施工质量验收记录。

1）检验批施工完成，施工单位自检合格后，应由项目专业助理检查员填报《检验批质量验收记录表》（按照建设部施工质量验收系列规范标准表格执行）。

2）检验批质量验收应由监理工程师（建设单位项目专业技术负责人）组织项目专业质量检查员等进行验收并签认。

3）模板分项工程是混凝土浇筑成型用的模板及其支架的设计、安装、拆除等一系列技术工作和完成实体的总称。由于模板可以连续周转使用，故模板分项工程所含检验批通常根据模板安装和拆除的数量确定。

模板工程质量验收记录表见表7-8。

表7-8　　　　　　模板安装工程检验批质量验收记录表（GB 50204—2002）

单位（子单位）工程名称							
分布（子分部）工程名称					验收部位		
施工单位					项目经理		
施工执行标准名称及编号							
		施工质量验收规范的规定			施工单位检查评定记录		监理（建设）单位验收记录
主控项目	1	模板支撑、立柱位置和垫板		第4.2.1条			
	2	避免隔离剂玷污		第4.2.2条			
一般项目	1	模板安装的一般要求		第4.2.3条			
	2	用作模板地坪、胎膜质量		第4.2.4条			
	3	模板起拱高度		第4.2.5条			
	4	预埋件、预留孔允许偏差	预埋钢板中心线位置/mm	3			
			预埋管、预留孔中心线位置/mm	3			
			插筋 中心线位置/mm	5			
			插筋 外露长度/mm	+10，0			
			预埋螺栓 中心线位置/mm	2			
			预埋螺栓 外露长度/mm	+10，0			
			预留洞 中心线位置/mm	10			
			预留洞 尺寸/mm	+10，0			
	5	模板安装允许偏差	轴线位置/mm	5			
			底模上表面标高/mm	±5			
			截面内部尺寸/mm 基础	±10			
			截面内部尺寸/mm 柱、墙、梁	+4，−5			
			层高垂直度/mm 不大于5m	6			
			层高垂直度/mm 大于5m	8			
			相邻两板表面高低差/mm	2			
			表面平整度/mm	5			
施工单位检查评定结果			专业工长（施工员）		施工班组长		
			项目专业质量检查员　年　月　日				
监理（建设）单位验收结论			专业监理工程师 （建设单位项目专业技术负责人）　年　月　日				

学习情境八 模板工程的质量问题与防治

项目1 模板工程质量缺陷及防治

一、轴线位移

1. 现象

混凝土浇筑后拆除模板时,发现柱、墙实际位置与建筑物设计轴线位置有一定偏移,与设计图纸中的位置不符,这样有可能造成严重的质量问题。

2. 原因分析

(1) 翻样不认真或技术交底不清,模板拼装时组合件未能按规定到位。

(2) 操作人员在轴线测放时不认真或选用的仪器精确度不符合要求,使轴线的测量放线产生较大误差。

(3) 墙体、柱子模板根部和顶部未采取限位措施或限位不牢固,发生偏位后又未及时进行纠正,造成累积误差较大。

(4) 支模时,未按要求拉水平、竖向通线,且无竖向垂直度控制措施,结果造成模板在施工中产生偏移。

(5) 设计和选用的模板刚度差,加上模板两侧未设水平拉杆或水平拉杆间距过大,在混凝土侧压力的作用下,使模板产生变形而出现位移。

(6) 混凝土浇筑时未按施工要求均匀对称下料,或一次浇筑高度过高造成侧压力过大而挤压模板产生位移。

(7) 固定模板的对拉螺栓、顶撑、木楔使用不当或松动造成轴线偏位。

3. 防治措施

(1) 在进行钢筋混凝土结构设计时,严格按 $1/10\sim1/15$ 的比例将各分部、分项工程绘成详图并注明各部位编号、轴线位置、几何尺寸、剖面形状、预留孔洞、预埋件等,经复核无误后认真对生产班组及操作工人进行技术交底,作为模板制作、安装的依据。

(2) 模板轴线测放后,组织专人进行技术复核验收,确认无误后才能支模,在支模时要严格按线安装。

(3) 墙体、柱子模板根部和顶部必须设可靠的限位措施,比如采用现浇楼板混凝土预埋短钢筋固定钢支撑,以保证底部位置准确。

(4) 支模时要拉水平、竖向通线,并设竖向垂直度控制线,以保证模板水平、竖向位置准确。

(5) 根据混凝土结构特点,对模板进行专门设计,以保证模板及其支架具有足够强度、刚度及稳定性。

(6) 混凝土浇筑前,应当对模板轴线、支架、顶撑、螺栓进行认真检查、复核,发现问题及时进行处理。

（7）混凝土浇筑时，应当按照施工规范进行施工，要均匀对称下料，一次浇筑高度应严格控制在施工规范允许的范围内。

二、模板标高出现偏差

1. 现象

模板安装完毕进行测量时，发现混凝土结构层标高度及预埋件、预留孔洞的标高与设计施工图上的标高不符，其误差均超过允许范围。

2. 原因分析

（1）混凝土结构层在施工前没有按规定设置标高控制点或控制点偏少，控制网无法闭合；或者竖向模板根部未找平。

（2）安装好的模板顶部无标高标记，使混凝土浇筑标高无标准；或在浇筑混凝土时未按标记进行施工，导致混凝土顶部标高不符合设计要求。

（3）高层建筑标高控制线转测次数过多，造成累计误差过大，使转测过多的部位的标高误差超过允许范围。

（4）预埋件、预留孔洞未固定牢固，施工时未重视施工方法认真对待，结果造成误差过大，预埋件和预留孔洞产生较大位移。

（5）由于在安装楼梯模板时没有认真审查图纸，未考虑装修层厚度，结果造成楼梯标高过高，装修时无法处理。

3. 防治措施

（1）施工过程中，对于多层和高层建筑物，每层楼均设足够的标高控制点，竖向模板的根部必须认真做找平。

（2）每块模板顶部均应设标高标记，作为浇筑混凝土时的高程标准，在施工时严格按标记施工。

（3）建筑楼层标高由首层±0.000标高控制，严禁逐层向上引测，以防止产生累计误差，当建筑高度超过30m时，应另设标高控制线，每层标高引测点应不少于2个，以便进行复核。

（4）预埋件及预留孔洞，在安装前应仔细与施工图纸对照，确认无误后准确固定在设计位置上，必要时用电焊或套框等方法将其固定，在浇筑混凝土时，应沿其周围分层进行均匀浇筑，严禁碰击和振动预埋件与模板。

（5）楼梯踏步模板安装时，要认真审查设计图纸中的楼梯标高，特别应当考虑楼梯装修层的厚度。

三、浇筑结构发生变形

1. 现象

在拆模后发现混凝土柱、梁、墙出现鼓凸、缩颈或翘曲现象，不仅严重影响混凝土结构的外表美观，而且也严重影响使用功能，有时甚至需要拆除重新浇筑。

2. 原因分析

（1）模板设计不合理，支撑及围檩间距过大，模板刚度较差，在新浇混凝土侧压力的作用下，模板发生变形造成混凝土结构变形。

（2）组合小钢模，连接件未按规定设置，造成模板整体性差，在混凝土的作用下出现局部模板变形，导致混凝土结构变形。

（3）浇筑混凝土墙体时，墙面模板没有设置对拉螺栓或螺栓间距过大，或者螺栓规格过小、拉力不足，造成模板产生向外鼓出变形。

（4）竖向承重支撑在地基土上未夯实，或支撑下未垫平板，也无排水措施，造成支撑部分地基下沉，从而造成竖向支撑变形。

（5）门窗洞口内模间的对撑不牢固或刚度不足，易在混凝土振捣时模板被挤偏，从而使混凝土结构变形。

（6）浇筑梁、柱混凝土时，由于模板卡具间距过大，或未夹紧模板，或对拉螺栓配备数量不足，以致局部模板无法承受混凝土振捣时产生的侧向压力，导致局部鼓模，从而也使梁柱混凝土面突出。

（7）浇筑墙、柱高度较大的混凝土结构时，由于混凝土的浇筑速度过快，一次浇筑高度过高，或者振捣过度，也容易使侧面模板发生变形。

（8）如果采用木模板或胶合板模板施工，经验收合格后未及时浇筑混凝土，因长期日晒雨淋而发生变形，混凝土结构必然产生变形。

3. 防治措施

（1）在进行模板及支撑系统设计时，应充分考虑其本身自重、施工荷载、混凝土自重、钢筋自重及浇捣时产生的侧向压力，进行最合理、安全的荷载组合，以保证模板及支撑系统有足够的承载能力、刚度和稳定性。

（2）梁和楼板的底部支撑间距应能够保证在混凝土、钢筋重量和施工荷载作用下不产生变形。支撑底部若为泥土地基，应先认真夯实，设排水沟，并铺放通长的垫木或型钢，以确保竖向支撑不产生沉陷变形。

（3）采用组合小钢模拼装时，连接件应按规定数量放置，围檩及对拉螺栓间距、规格也应严格按设计要求设置。

（4）梁、柱模板若采用卡具时，其间距要按照规定设置，并要卡紧模板，其宽度比截面尺寸要略小。

（5）梁、墙体模板上部必须有临时撑头，以保证混凝土浇筑振捣时，梁、墙体上口的宽度。

（6）在浇筑振捣混凝土时，要均匀对称下料，严格控制一次浇筑高度，特别是门窗洞口模板的两侧，既要保证混凝土振捣密实，又要防止过分振捣引起模板变形。

（7）对跨度不小于4m的现浇钢筋混凝土梁、板，其模板应按设计要求起拱；当设计无具体要求时，起拱高度宜为跨度的1/1000～3/1000。

（8）采用木模板、胶合板模板施工时，经验收合格后应及时浇筑混凝土，防止木模板长期暴晒雨淋发生变形。

四、接缝不严出现漏浆

1. 现象

由于模板制作质量不合格，模板间接缝不严有较大间隙，使得混凝土浇筑时产生漏浆，混凝土表面出现蜂窝，严重的出现孔洞、露筋。

2. 原因分析

（1）对模板设计图所绘制的大样图有误，模板制作过程中马虎不仔细，拼装时接缝过大而产生漏浆。

（2）制作木模板的原材料选用不当，或其含水率过大，或模板安装周期过长，因木模产生干缩造成裂缝而产生漏浆。

（3）木模板的制作非常粗糙，拼缝处非常不严密；或在木模板周转使用时，未将模板拆开重新制作，板间缝隙较大而产生漏浆。

（4）浇筑混凝土时，木模板未提前浇水湿润，使其胀开从而造成漏浆。

（5）钢模板产生变形，未及时进行修整又用于工程，在变形产生缝隙处出现漏浆，或者钢模板接缝措施不当。

（6）梁、柱子的交接部位，接头尺寸不准确甚至出现错位，就容易产生漏浆。

3. 防治措施

（1）在绘制模板设计图的大样图时要认真，严格按照 1/10～1/50 比例将各分部、分项工程细部翻成施工详图，并详细进行编注，经复核无误后认真向操作工人交底，强化工人质量意识，认真制作定型模板和拼装。

（2）严格选择制作木模板的木材，控制木材含水率，尽量选用变形小、易加工的木材，制作时要拼缝严密。

（3）木模板的安装周期不宜过长，以防产生干缩裂缝；浇筑混凝土时，木模板要提前浇水湿润，使其胀开缝隙。

（4）采用钢模板时，对于已经发生变形的模板，特别是发生边框变形的钢模板，要及时修整平直。

（5）钢模板间的嵌缝措施要严格控制，不能用油毡、塑料布，水泥袋等材料去嵌缝堵漏。

（6）梁、柱子交接部位的支撑要牢靠，拼缝要严密（必要时缝间加双面胶纸），发生错位要及时校正好。

五、脱模剂使用不当

1. 现象

模板表面使用废机油涂刷造成混凝土表面污染，或混凝土残浆不清除即刷脱模剂，造成混凝土表面出现蜂窝麻面等质量缺陷。

2. 原因分析

（1）拆模后未对模板表面的混凝土残浆清除即刷脱模剂。

（2）脱模剂涂刷不匀或漏涂，或涂层过厚。

（3）使用了废机油作为脱模剂，既污染了钢筋及混凝土，又影响了混凝土表现装饰质量。

3. 防治措施

（1）拆模后，必须在清除模板上遗留的混凝土残浆后，再刷脱模剂。

（2）凡是暴露于表面的结构或构件，严禁用废机油作脱模剂，脱模剂材料的选用原则应为：既便于混凝土脱模又便于混凝土表面装饰。一般情况下选用的材料有皂液、滑石粉、石灰水及其混合液和各种专用化学制品脱模剂等。

（3）脱模剂材料宜拌成稠状，应涂刷均匀，不得流淌，一般刷两度为宜，以防漏刷，也不宜涂刷过厚。

（4）脱模剂一般应在安装模板时涂刷，脱模剂涂刷后，应在短期内及时浇筑混凝土，以防脱模剂遭受破坏。

六、模板未清理干净

1. 现象

模板安装完毕后，在模板内残留着木块、浮浆残渣、刨花碎石等到建筑垃圾；在拆除模板后发现混凝土中有缝隙且有垃圾夹杂物，不仅影响混凝土与基层的黏结，而且影响钢筋混凝土结构的整体性和耐久性。

2. 原因分析

（1）钢筋绑扎完毕后，模板位置未用压缩空气或压力水将模板内的垃圾清扫干净。

（2）在模板最后封堵前，未认真将模板内的杂物清除干净，或因工作疏忽忘记进行清理。

（3）墙柱根部、梁柱接头最低处未留清扫孔，或所留位置不当，无法按要求进行清扫，导致杂物积存在模板内。

3. 防治措施

（1）在钢筋绑扎完毕后，立即用压缩空气或压力水进行清扫，要把模板清理列为施工中一个不可缺少的工序，称为提高和确保钢筋混凝土工程质量的重要技术措施。

（2）在模板最后封堵之前，要派专人检查模板内的清理情况，确实保证将模内垃圾清除干净。

（3）墙柱根部、梁柱接头处要在合适的位置预留清扫孔，预留孔尺寸不小于100mm×100mm，模内垃圾清除完毕后及时将清扫孔口封严。

七、模板支撑系统失稳

1. 现象

由于模板的支撑系统设计不合理，或固定不牢靠而失稳，造成整个模板系统倒塌或结构变形等质量事故。

2. 原因分析

（1）模板上所受的荷载大小不同，支架的高低不同、用料不同、间距不同，则承受的应力不同。当荷载大于支架的极限应力时，支架就会发生变形、失稳而倒塌。

（2）混凝土的模板均应认真进行设计，如果没有按照《混凝土结构工程施工及验收规范》中的规定去施工，模板支架没有在施工前进行结构计算，只凭以往的经验盲目施工，这是造成支架系统失稳的主要原因。

（3）在正式安装模板前未进行详细的技术交底，施工操作人员没有经过培训，不熟悉支架的结构、材料性能和施工方法，盲目蛮干容易造成事故。

3. 处理方法

（1）检查已经立好模板工程的支架是否确实稳固，对关键的部位和杆件要进行必要的验算，如果支架的应力不满足要求，必须及时加固后方可浇筑混凝土。

（2）对于重要结构施工的模板工程，必须根据荷载组合情况进行模板支架系统的设计和结构计算，不能只凭以往的检验盲目安装模板和支架。

（3）编制切实可行的施工技术方案，向具体操作人员进行技术交底；在施工过程中应经常进行检查，以便发现问题及时解决。

4．预防措施

（1）模板支架系统应根据不同的结构类型及模板类型，选配合适的模板系统；支架系统应进行必要的设计、验算和复核，确保支架系统可靠、稳固、不变形。

（2）木支架系统所用的木支柱规格不宜太小，一般用100mm×100mm方材或小头直径为80~120mm的圆木。支架所用的牵杠、格栅等，宜采用不小于50mm×100mm的木材钉牢楔紧，木支柱底下用对拨楔块来调整标高及固定位置。

（3）钢质支架体系，一般可与模板体系相配合，其钢楞和支架的布置形式应满足模板设计要求，并能保证安全承受施工荷载。钢管支架体系一般应扣成整体排架式，其立柱纵横间距控制在1m左右，同时应当加设斜支撑和剪刀撑。

八、带形基础模板的缺陷

1．现象

带形基础的施工中，容易出现下列质量缺陷：沿着基础通直方向的模板，上口不顺直，宽度不准确，模板的下口陷入混凝土内，侧面混凝土麻面露石子，拆除模板时上段混凝土出现孔洞，底部安装的模板不牢固如图8-1所示。

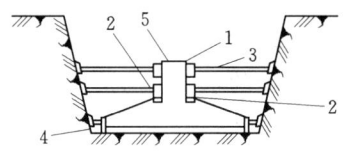

图8-1 带形基础钢模板质量缺陷示意图
1—上口不直，宽度不准；2—下口陷入混凝土内；
3—侧面露石子、麻面；4—底部上模不牢；
5—模板口用镀锌钢丝对拉，有松有紧

2．原因分析

（1）模板安装时，挂线垂直度有一定偏差，模板的上口不在同一条直线上，从而导致模板上口不顺直。

（2）模板上口未用圆钢穿入洞口扣住，仅用铁丝进行对拉，有松有紧，或木模板的上口未用方木加以固定，在浇筑混凝土时，在侧压力的作用下使模板下端向外推移，以致模板上口受到向内推移的力而内倾，从而造成模板上口宽度大小不一致。

（3）模板安装时未支撑牢固，在自重的作用下使模板产生下垂。浇筑混凝土时，部分混凝土由模板的下口翻上来，并且未在初凝时铲平，造成侧面模板的下部陷入混凝土内。

（4）模板的平整度偏差过大，表面的残渣未清除干净；模板的拼缝缝隙过大，侧面模板支撑不牢，导致侧面混凝土出现质量缺陷。

（5）将木模板的临时支撑直接撑在土坑边，导致接触处的土体松动或掉落，从而造成底部面板安装不牢固。

3．防治措施

（1）在进行模板设计时，应使模板有足够的强度和刚度；支模时，垂直度要找准确，模板的上口应在一条直线上。

（2）钢模板上口应用直径 18mm 的圆钢套入模板顶端小孔内，其中心间距为 50～80cm。木模板的上口应用方木或板带固定，一边控制基础上口的宽度，并在模板上拉通长直线，保证上口平直。

（3）上段模板应支撑在预先横插圆钢或预制混凝土块上；木模板也可采用临时木支撑，以使侧面模板支撑牢靠，并保持高度一致。

（4）如果发现混凝土由上段模板翻上来，应在混凝土初凝前轻轻铲平至模板的下口，使模板下口不至于被卡牢。

（5）在模板组装和安装前，应将模板面的残渣清除干净；模板的接缝应拼接严密，不出现漏浆现象；侧面模板应支撑牢靠。

（6）当支撑直接撑在土坑边时，下面应垫上模板，以扩大其接触面。木模板的长向接头处应加设拼条，以便使板面平整、连接牢固。

九、杯形基础模板的缺陷

1．现象

杯形基础施工过程中，容易出现下列质量缺陷：杯形基础的中心线不准；杯口模板出现位移；混凝土浇筑时杯形芯模板浮起；拆除模板时杯形芯模板拔不出来等，如图 8-2 所示。

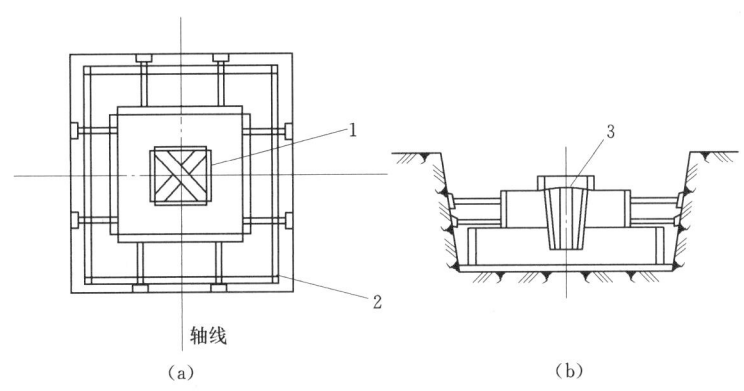

图 8-2 杯形基础钢模板缺陷示意图
（a）平面图；（b）剖面图
1—排气孔；2—角模；3—杯形芯模板

2．原因分析

（1）杯形基础中心线弹线时，未按照设计要求找方正，纵横两条中心线不垂直；或者测量定线误差超过允许范围，从而使模板位置不准确。

（2）杯形基础上段模板支撑方法不当，在浇筑混凝土时，杯形基础中的芯模板由于不透气，产生一定的浮力，从而使杯形基础的芯模板产生上浮。

（3）杯形基础模板四周的混凝土下料不均匀，振捣时不均衡，由于模板受力不匀，从而造成模板偏移。

（4）在搭设脚手架时不注意，将操作脚手板搁置在杯口模板上，由于施工荷载的作用，造成因模板下沉而变形。

（5）在混凝土浇筑完毕后，杯形基础中的芯模板由于拆除过迟、黏结太牢而拆除困难。

3. 防治措施

（1）杯形基础安装模板应首先找准中心线位置标高，先在轴线桩上找好中心线，用线锤在垫层上标出两点，弹出中心线，再由中心线按设计图纸上标注的尺寸弹出基础四面边线，要进行反复找方并进行复核，用水平仪测定标高，然后放线安装模板。

（2）木模板在支上段模板时若采用木板带，可以使杯形基础位置准确，托木的主要作用是将木板带与下段的混凝土面隔开一定间距，便于将混凝土面拍平。

（3）杯形芯模板要将表面刨光直拼，芯模板外表面要涂刷隔离剂，在底部应当钻上几个小孔，以便浇筑混凝土后排气，减少对杯形芯模板的浮力。

（4）在浇筑杯形基础混凝土时，在杯形芯模板的四周要均衡下料，最好采用对称振捣，不可在一侧振捣过多，以防止因受力不均而产生变形。

（5）施工用的操作脚手架要独立设置，不要将其搁置在杯形基础模板上，以避免因施工振动而导致模板产生变形。

（6）拆除杯形芯模板的时间，要根据施工时环境气温及混凝土凝固情况进行调整，一般在初凝后即可拆除。在拆除杯形芯模板时，对于较小的杯形芯模板，可用锤子轻轻敲打，用撬棍拨动拔出即可。对于较大的杯形芯模板，可以用手拉葫芦将杯形芯模板稍加松动后，再将其缓慢拔出。

十、混凝土圈梁模板缺陷

1. 现象

在浇筑圈梁混凝土时，圈梁模板一般有以下缺陷：模板在混凝土侧压力的作用下，出现局部模板膨胀缺陷，造成墙内侧或外侧水泥砂浆挂墙；或者造成梁内外侧不平，砌筑上段墙时产生局部挑空，如图8-3所示。

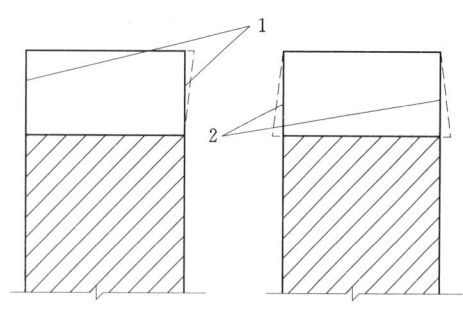

图8-3 圈梁模板缺陷示意图
1—上口歪斜；2—下口模板膨胀

2. 原因分析

（1）圈梁模板上的卡具未夹紧模板，在混凝土振捣时产生的侧压力作用下造成局部模板向外推移，造成圈梁尺寸不准确，给以后的内外墙装饰留下困难。

（2）在进行模板组装时，未与墙面支撑平直。

3. 防治措施

（1）采用在墙上预留孔挑扁担木方法施工时，扁担木的长度应不小于墙体厚度加两倍梁高，圈梁的侧面模板下口应加紧墙面，斜支撑与上口横档钉牢，并拉通长直线进行校核，保持梁上口呈直线。

（2）当采用钢管卡具组装模板时，如果发现钢管卡具滑扣，应立即换掉，切不可在卡具滑扣状态下进行施工。

（3）圈梁的木模板上口既要有直径 8mm 或 10mm 的钢筋拉条，也要有临时撑头，以保持梁上口的宽度一致。

十一、混凝土梁模板的缺陷

1. 现象

在浇筑梁混凝土的施工过程中，最常见的质量问题有以下几个方面：梁身不平直，梁底不平且下挠，梁侧模在侧压力作用下出现炸模；拆除模板后发现梁身侧面鼓出有水平裂缝、掉角、上口尺寸加大、表面粗糙；局部模板嵌入柱梁间，拆除比较困难，如图 8-4 所示。

2. 原因分析

（1）模板的安装固定预先没有很好的计划，造成模板支设未较直撑牢，支撑系统整体稳定性不足，在施工荷载作用下发生变形。

（2）模板没有支撑在坚硬的地面上。在混凝土浇筑的过程中，由于荷载的增加、泥土地面受潮、水的侵入等原因，地面发生下沉变形，支撑随着地面变形而变形。

（3）对于跨度较大的混凝土梁，未按照设计要求或规范规定进行起拱；或者施工中未根据水平控制面板的标高。

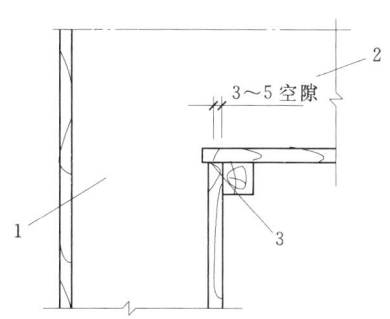

图 8-4 梁模板缺陷示意图
1—柱模；2—梁模；3—梁底板模板与柱侧模板相交处需稍留空隙

（4）钢模板的上口未用钢筋穿入洞口扣住，仅用铁丝简单对拉，有松有紧，或木模板的上口未用方木加以固定，在浇筑混凝土时，在侧压力的作用下使模板下端向外推移，以致模板上口受到向内推移的力而内倾，从而造成模板上口宽度大小不一致。

（5）模板未撑牢，在自重作用下使模板产生下垂。在浇筑混凝土时，部分混凝土从模板的下口翻上来，未在初凝时铲平，造成侧模下部陷入混凝土内。

（6）侧面模板承载能力及刚度不够，容易使梁侧模出现炸模（即模板崩塌）；拆模过迟或模板未涂刷隔离剂，容易使梁身侧面出现表面粗糙、掉角等质量问题。

（7）木模板的由于采用易变形的木材（如黄华松等）制作，混凝土浇筑后变形较大，易使梁的表面产生裂缝、表面粗糙等问题。

（8）木模板在制作时未用规定宽度的木条组成，或木条间的缝隙过小，在混凝土浇筑后，木模板吸水膨胀产生变形。

3. 防治措施

（1）梁底部的支撑间距应适宜，即能保证在混凝土自重和施工荷载作用下不产生变形。支撑底部是为泥土地面的情况时，应先认真进行夯实，铺设上一定宽度的通长垫木，以确保支撑不产生沉陷。对于跨度较大的梁，梁的底面模板应按设计要求或规范规定进行起拱。

（2）梁的侧面模板应根据梁的高度进行配置，若梁高超过 600mm，应加设钢管围檩，上口应用钢筋插入模板上端小孔内（见图 8-5）。若梁高超过 700mm，应在梁中加设对穿

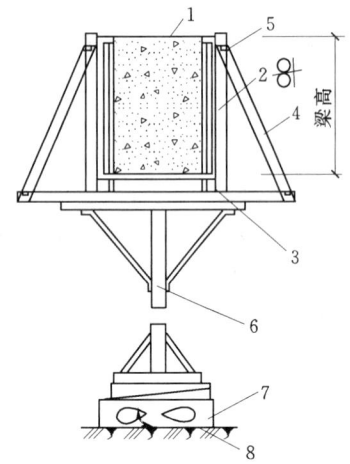

图 8-5 梁模板安装示意图
1—模板上口用直径 8mm 或 10mm 的钢筋，间距为 50～80mm；2—梁高若超过 700mm，侧面加围檩；3—角模；4—ϕ50 钢管斜撑；5—扣件；6—支撑；7—通长垫木；8—夯实的泥土地面

螺栓，与钢管围檩配合使用，加强梁侧面模板的刚度及强度。

（3）在安装梁木模板时，应遵守"边模包底模"的原则。梁的模板与柱的模板连接处，应考虑模板在吸湿后长向膨胀的影响，下料尺寸应当略微缩短一些，使木模板在混凝土浇筑后不至于嵌入柱内。

（4）梁侧面木模板的下口必须设有夹条木，钉紧在支柱上，以保证混凝土浇筑过程中，侧面模板的下口不因侧压力而出现炸模。

（5）梁的侧面模板的上口模板横档，应用斜撑双面支撑在支柱顶部，如果有楼板，则将上口的横档放在模板的龙骨之下。

（6）梁的模板采用木模板时，尽量不采用易变形的木材（如黄华松等）制作，在混凝土浇筑前应充分用水浇透，使模板制作时的预留缝隙胀严。

（7）在模板组装前应将模板上的残渣剔除干净，模板的拼缝应符合规范规定，侧面模板要切实支撑牢靠。

（8）当梁的底面距地面高度过高时（一般在 5m 以上），最好不要利用木料进行支模，宜采用脚手钢管扣件支模或桁架支模。

（9）在模板组装之前，应在模板里侧（靠混凝土一侧）涂刷隔离剂两遍，隔离剂一般不要选用废机油，涂刷应当均匀、全面。

（10）T 形梁的模板安装可参见图 8-6（a），花篮梁模板一般可与预制楼板吊装相配合，其安装模版的方法可参见图 8-6（b）。注意这种模板支柱应能承受预制楼板重量、混凝土重量及施工荷载，同时应注意混凝土浇筑时模板支撑系统不得产生变形。

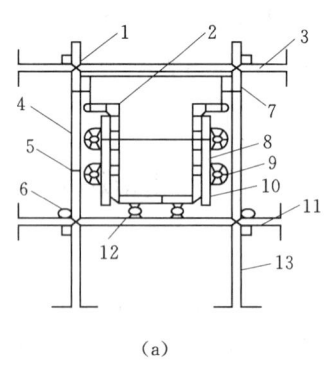
(a)

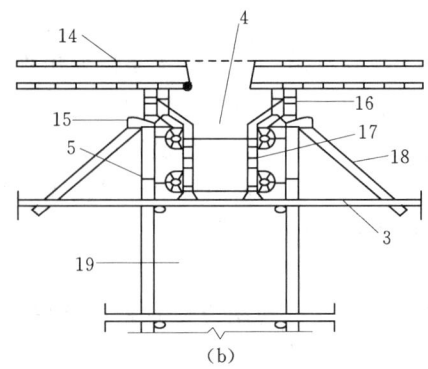
(b)

图 8-6 T 形梁、花篮梁钢模板安装示意图
1—扣件；2—阴角模；3—横杆；4—对拉螺栓；5—钩头螺栓；6—纵向联系杆；7—钩头螺栓；8—内钢楞；9—外钢楞；10—连接角模；11—支撑横杆；12—钢管格栅；13—支撑杆；14—预制楼板；15—斜撑模；16—牵杠；17—钢模板；18—斜撑；19—钢管排架

十二、柱子模板的缺陷

1. 现象

柱子模板是一种竖向截面尺寸较小的结构,在浇筑混凝土中容易产生以下质量缺陷:

(1) 出现炸模,造成截面尺寸不准确,或局部鼓出、漏浆,使混凝土不密实或表面有蜂窝麻面。

(2) 柱身发生偏斜,导致一排柱子不在同一条轴线上,这是一种严重的质量事故。

(3) 柱身出现扭曲,如图8-7所示,梁柱接头处偏差较大,柱子成为一种偏心受压构件,对其安全性和稳定性不利。

2. 原因分析

(1) 柱模板设置的夹箍间距过大或固定不牢,或者木模板的钉子被混凝土侧压力拔出,从而出现炸模(开裂)现象或柱身偏斜。

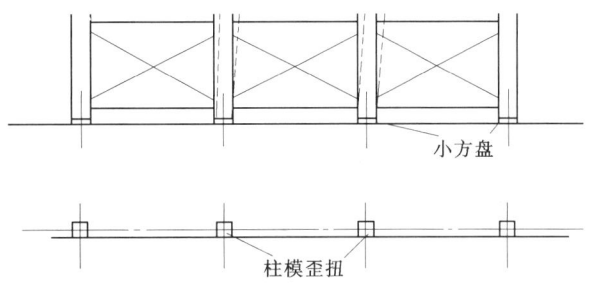

图8-7 柱模板的缺陷示意图

(2) 测量施工放样不认真,出现较大的误差,正式施工又未仔细校核,梁柱接头处未按大样图安装组合,结果会出现柱身偏斜和柱身扭曲等质量问题。

(3) 成排柱子在支模时,不进行统一拉线、不跟线、不找方,钢筋发生偏斜不纠正就安装模板。

(4) 柱子模板未进行很好的保护,在安装模板前就已发生歪扭,未进行修整又用于新的工程,不仅形状不符合设计要求,而且板缝也很不严密。

(5) 在柱模板安装固定时,两侧模板固定的松紧程度不同,或者在进行模板设计时,对柱子的固定箍筋和穿墙螺栓设计不重视。

(6) 原来的模板上有旧的混凝土残渣,在支模时未认真进行清理,或拆除模板的时间过早。

3. 防治措施

(1) 在成排柱子支模前,事先应按照设计图纸进行测量放线,主要应放出排柱的纵向轴线、排柱的两纵向边线、各根柱子的横向轴线、各根柱子的横向边线,并将柱子模板进行预组合、找方正。放线应当确保准确,不得出现超出规范的误差。

(2) 在柱子支模前,要对各根柱子的钢筋进行仔细校正,检查钢筋和钢箍的品种、直径、数量、形状、位置、间距、保护层、垂直度、标高、牢固程度等是否符合施工规范的要求,对于不符合者应进行纠正。

(3) 柱子底部应做成小方盘式的模板,或以钢筋、角钢焊成柱断面的外包框,以保证底部位置准确和牢固。

(4) 在成排柱子模板进行安装时,应先立两端的柱子模板。待校核垂直度与复核位置无误后,在柱子模板的顶部拉通长直线,再立中间各根柱子模板。当柱子的间距不大时,柱子之间应用剪刀支撑和水平支撑搭接牢靠。当柱子的间距较大时,各根柱子单独采用四面斜撑,以保证柱子位置准确。

项目2 模板支撑失稳倒塌事故案例

案例一——模板支撑系统失稳,演播大厅坍塌6死35伤

2000年10月25日上午10时10分,某电视台演播中心裙楼工地发生一起重大职工因工伤亡事故。大演播厅舞台在浇筑顶部混凝土施工中,因模板支撑系统失稳,大演播厅舞台屋盖坍塌,造成正在现场施工的民工和电视台工作人员6人死亡,35人受伤(其中重伤11人),直接经济损失70.7815万元。事故现场底部和顶部见图8-8、图8-9。

图8-8 事故现场底部

图8-9 事故现场顶部

1. 事故的直接原因

(1) 支架搭设不合理,特别是水平连系杆严重不够,三维尺寸过大以及底部未设扫地杆,从而主次梁交叉区域单杆受荷过大,引起立杆局部失稳。

(2) 梁底模的木杆放置方向不妥,大梁梁底立杆的水平连系杆不够,承载力不足,加剧了局部失稳。

(3) 屋盖下模板支架与周围结构固定与连系不足,加大了顶部晃动。

2. 事故的间接原因

(1) 施工组织管理混乱,安全管理失去有效控制,模板支架搭设无图纸,无专项施工技术交底,施工中无自检、互检等手续,搭设完成后没有组织验收,搭设开始时无施工方案,有施工方案后未按要求进行搭设,支架搭设严重脱离原设计方案要求、致使支架承载力和稳定性不足,空间强度和刚度不足等是造成这起事故的主要原因。

(2) 施工现场技术管理混乱,对大型或复杂重要的混凝土结构工程的模板施工未按程序进行,支架搭设开始后送交工地的施工方案中有关模板支架设计方案过于简单,缺乏必要的细部构造大样图和相关的详细说明,且无计算书,支架施工方案传递无记录,是造成这起事故的技术上的重要原因。

(3) 监理公司驻工地总监理工程师无监理资质,工程监理组没有对支架搭设过程严格把关,在没有对模板支撑系统的施工方案审查认可的情况下即同意施工,没有监督对模板支撑系统的验收,就签发了浇捣令,工作严重失职,导致工人在存在重大事故隐患的模板支撑系统上进行混凝土浇筑施工,是造成这起事故的重要原因。

(4) 在上部浇筑屋盖混凝土情况下,民工在模板支撑下部进行支架加固是造成事故伤亡人员扩大的原因之一。

(5) 施工单位安全生产意识淡薄,个别领导不深入基层,对各项规章制度执行情况监督管理不力,对重点部位的施工技术管理不严,有法有规不依。施工现场用工管理混乱,部分特种作业人员无证上岗作业,对民工未认真进行三级安全教育。

(6) 施工现场支架钢管和扣件在采购、租赁过程中质量管理把关不严,部分钢管和扣件不符合质量标准。

(7) 建筑管理部门对该建筑工程执法监督和检查指导不力,建设管理部门对监理公司的监督管理不到位。

案例二——24m 高的演讲厅舞台屋面板坍塌 7 死 7 伤

2007 年 2 月 14 日 15 时 35 分左右,某医科大学图书馆二期工程施工现场,施工人员浇筑演讲厅舞台屋面混凝土时,模板支撑系统突然坍塌,坍塌面积约 $450m^2$,坍塌高度约 24m,14 名施工人员被埋,共造成 7 人死亡、7 人受伤。事故现场全貌见图 8-10,坍塌现场见图 8-11。

事故的主要原因如下。

(1) 高大模板支架在搭设时,没有设置水平剪刀撑和横向剪刀撑,纵向剪刀撑严重不足。加上连墙件的数量和设置方式未达到要求,致使模板支架整体不稳定,是导致事故的直接原因。

(2) 高支模专项施工方案没有组织专家进行论证和审查,存在一系列重大原则性错误。

(3) 高大模板支架搭设前,施工单位没有召开技术交底会对施工人员进行专项施工技

图 8-10 事故现场全貌

图 8-11 24m高的演讲舞台坍塌现场

术交底。

（4）模板搭设完成后，没有组织验收，没有取得工程监理组同意就进行混凝土浇筑。这些都是造成事故的主要原因。

（5）一名总监理工程师只宜担任一项委托监理合同的项目总监理工程师。当需要同时担任多项委托监理合同的项目总监理工程师时，须经建设单位同意，且最多不得超过3项。事故发生时，该工程监理组总监理工程师担任了7个建设项目的总监理工程师。

（6）监理人员发现了立杆间距及步距不符合施工方案要求、无剪刀撑、水平拉杆没有与立柱连接等问题，但没有向项目总监理工程师汇报，没有采取强制性措施制止，也没有向上级有关部门汇报。

学习情境九 模板工程施工实例

项目1 某小区1号住宅楼模板施工方案

一、工程概况

某小区1号住宅楼等5项工程位于北京市朝阳区,为全剪力墙结构,筏板基础,板厚800mm,天然地基承载力不满足承载力要求,需采用CFG桩复合地基楼梯结构采用梁、板式楼梯。

本建筑物建筑面积6754.4m²,地上15层,底下2层。外墙厚度为30mm,内墙厚度为200mm、300mm;梁断面尺寸:300mm×700mm、300mm×700mm、200mm×550mm、200mm×400mm、200mm×500mm、400mm×1800mm、200mm×450mm;楼板厚度:800mm、300mm、180mm、120mm、130mm、140mm、160mm。

二、模板施工准备工作

1. 技术准备

项目部组织技术、质量、生产人员熟悉图纸,认真学习掌握施工图的内容、要求和特点。

2. 材料及主要机具

(1)多层板:规格为2440mm×1220mm×12mm,材料进场时要检验胶合板厚度,要求厚度偏差为±1mm。

(2)支撑系统:ϕ48脚手管、U托、木龙骨(龙骨规格:50mm×100mm;100mm×100mm),长4m,要求过压刨,薄厚一致。

(3)脱模剂:油质隔离剂。

(4)工具:铁木榔头、活动(套口)扳手、水平尺、钢卷尺、轻便爬梯、白线等。

三、构造要求及技术措施

全剪力墙结构工程,模板是关键,为确保工程质量,我们均采用光面多层板支设体系,梁板结构采用满堂钢管架支撑,光面竹胶板支设,整层梁板结构多层板模及支撑架体系分别按四层配制,以便保证楼层模板使用的周转需要。

1. 基本要求

模板必须尺寸准确,板面平整,使用前必须检验其开裂、开胶、变形等现象;具有足够的承载力、刚度和稳定性,能可靠地承受新浇筑混凝土的自重和侧压力,以及施工荷载;构造简单,装拆方便,并满足钢筋的绑扎、安装和混凝土的浇筑、养护等要求,在满足塔吊起重量要求、施工便利和经济的条件下,应尽可能扩大模板面积、减少拼缝。

2. 模板要有计算、有措施、有方案

依据新浇筑混凝土的自重或侧压力及施工荷载的有关数据和标准计算，确定模板体系、措施和施工方案。

(1) 模板设计中必须要有模板体系的计算，计算内容应包括以下几项：

1) 混凝土侧压力及荷载计算。

2) 板面承载力及刚度验算。

3) 次龙骨承载力及刚度验算。

4) 主龙骨承载力及刚度的验算。

5) 穿墙螺栓承载力的验算（对板模要有支撑体系的验算）。

6) 竹胶合竹模板自稳角的验算。

(2) 模板及其支架设计应考虑的荷载有以下几项：

1) 模板及其支架自重。

2) 新浇筑混凝土自重。

3) 钢筋自重。

4) 施工人员及施工设备荷载。

5) 振捣混凝土时产生的荷载。

6) 新浇混凝土对模板侧面的压力。

7) 倾倒混凝土时产生的荷载。

(3) 关键部位模板的技术要求。除整体的配模要求外，模板设计的重点应放在阴阳角接口、楼层间过渡节点、底部节点、门窗洞口、电梯井筒等一些特殊部位的模板设计上，以保证洞口方正、尺寸准确、固定牢固，固定方法可以采用绑扎附加筋，在附加筋上焊顶模棍的方法，也可以采用暗柱定位框兼三面顶模（上、中、下）浇筑在混凝土中的办法，顶模棍端头应用无齿锯切割且刷防锈漆，高度小于等于2m的洞口每边上中下三道，每道两根，高度大于2m的洞口每边设置四道，每道两根；模板设计中还应注意各种接缝的处理，做到不变形、不跑位、不胀模、不漏浆，对于墙柱模板在配模过程中还应注意穿墙螺栓的布置，应与模板背楞的刚度相配合，特别注意配模与上、下口及门窗洞口处间距不宜过大，避免胀模及漏浆的现象；踏步、阳台栏板、女儿墙等表面为水泥或涂料交活的部位模板均应注意细部处理的效果。

(4) 模板的堆放、清理及脱模剂的应用。

1) 木模板拆除后应及时进行整理，将模板表面的混凝土块、浮浆等杂物剔除干净，表面浮砂和灰尘清扫干净并码放整齐，要求堆放场地应平整。

2) 脱模剂的选用必须根据所用模板而定，木模采用水性脱模剂，脱模剂的涂刷应均匀，不漏涂，涂刷不得出现流坠现象，经雨雪后应重新涂刷一遍。

3) 多次倒用的模板及方木应及时进行规整，不能使用的必须清理出来，确保拆模后的表面效果。

3. 模板体系的选用

(1) 楼板采用光面多层板，木龙骨组成。

(2) 采用多层板大模拼装，满堂架加固措施的施工方法。

(3) 支撑。采用钢管脚手架支撑体系,具有装拆方便、快捷、省工省料的特点,支撑下要加垫木方,支撑立杆根据放线确定并上下层对齐搭设,确保受力均匀合理。

4. 模板的安装

(1) 垫层厚度。垫层厚度为 100cm,垫层模板采用 100mm×100mm 方木,沿垫层边线设置方木,方木支撑在基坑壁上。

(2) 基础底板模板。1 号住宅楼基础底板厚度为 800mm,侧模全部采用砖模,沿底板边线外延 50mm 砌筑 240mm 厚砖墙,高度为基础底板厚 100mm,集水坑模板采用 12mm 厚竹胶板按坑大小加工成定型模板,如图 9-1 所示。

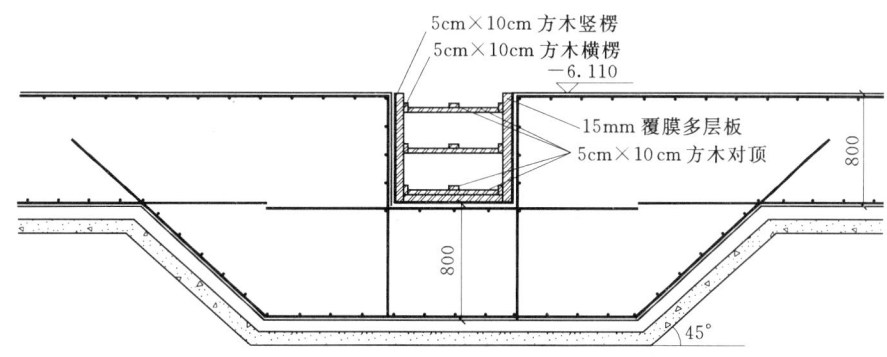

图 9-1 集水坑模板支设示意图

(3) 地下室墙体模板设计。地下室内外墙模板均采用 1220mm×2440mm×12mm 厚竹胶板拼装成的大模板,50mm×100mm@200mm 方木作竖楞(方木均经压刨找平),φ48×3.5mm 架子管作横楞,间距 300mm,φ16mm 对拉穿墙止水螺栓(横向间距 600mm,竖向间距 400mm),如图 9-2 所示,模板拼接处此龙骨用 M8 螺栓@600mm 锁死,防止模板拼缝处搓合,为了保证整体墙模刚度和稳定性,另沿高度方向设 3~4 道抛地斜撑,从而形成了整套的墙体模板体系,计算书详见后附件,主要节点设计见图 9-3。

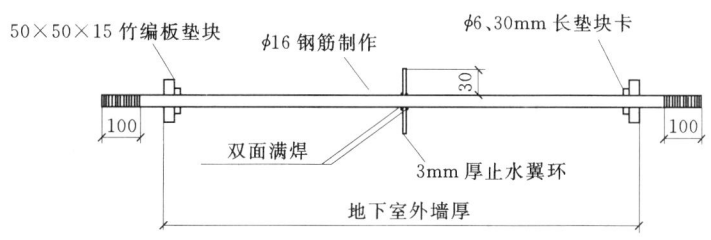

图 9-2 地下室外墙止水对拉螺栓

(4) 标准层内外剪力墙体模板设计与安装。支模前必须搭好相关脚手架,电梯井筒模每层施工完后,安装封堵式防护门,并且筒内每三层设置水平安全网(通过在墙体上预埋钢筋固定),浇筑混凝土前必须检查支撑是否可靠、扣件是否松动,发现问题及时处理,做好立模前的准备工作。

1) 安装放线。模板安装前先测放控制轴线网和模板控制线,根据平面控制轴线网,

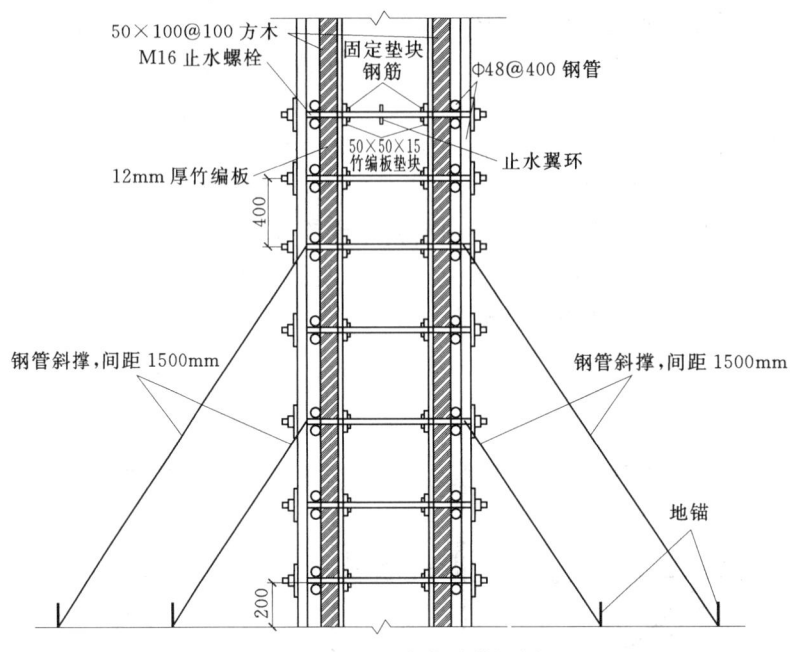

图 9-3 地下室内外墙模板剖面

在防水保护层或楼板上放出墙、柱边线和检查控制线,待竖向钢筋绑扎完成后,在每层竖向主筋上部标出标高控制点。

2)模板安装前首先检查模板的杂物清理情况、浮浆清理情况、板面修整情况、脱模剂涂刷情况等。

3)在梁端部、柱根角部,剪力墙转角处留置清扫口,顶板浇筑前将模板、钢筋上的杂物用高压气泵清理干净。

4)上道工序验收完毕,签字齐全。

5)按要求安装好门、窗洞口模板。

6)防止模板漏浆、烂根、错位等的设施安装完毕。

7)现浇结构模板的安装放线及允许偏差要求见表 9-1 和表 9-2。

具体加固办法如图 9-4、图 9-5 所示。

(5)窗洞口模板如图 9-6 所示。门窗洞口模板用 5cm 厚烘干板材制作,表面及两侧刨光,并在其表面安装 2mm 厚钢板,洞口模板角部用活动连接钢角模固定,为保证门窗洞口角的方正及牢固,按照图 9-6 所述进行加固,在上楼之前清理干净并在钢板侧面涂刷界面剂,门窗洞两侧必须粘贴海绵条,以防漏浆。

(6)门洞口模板如图 9-7 所示。

(7)顶板模板安装。

1)顶板利用满堂红碗口架支撑,满堂红碗口架搭设要求:立杆间距 0.9m,步距 0.9m,水平拉杆 2 道,在立杆顶端加 U 托,托住主龙骨,要求主龙骨用一组两根钢管沿开间长向设置,间距按立杆及 U 托设置,次龙骨用 50mm×100mm 方木放在主龙骨上并垂直主龙骨放置,光面竹胶板铺钉在次龙骨上,要求板面平整光滑,板缝用光面竹胶板贴严，禁止使用海棉条堵缝。

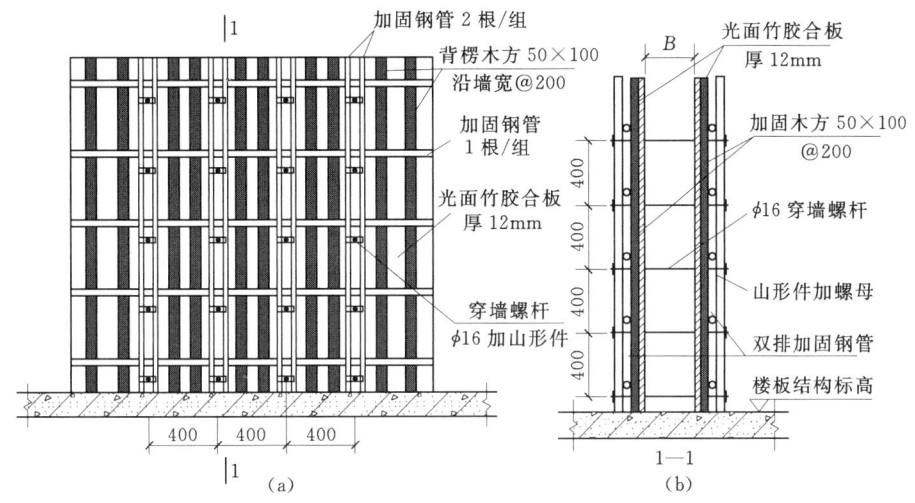

图 9-4 标准层内墙模板安装示意简图

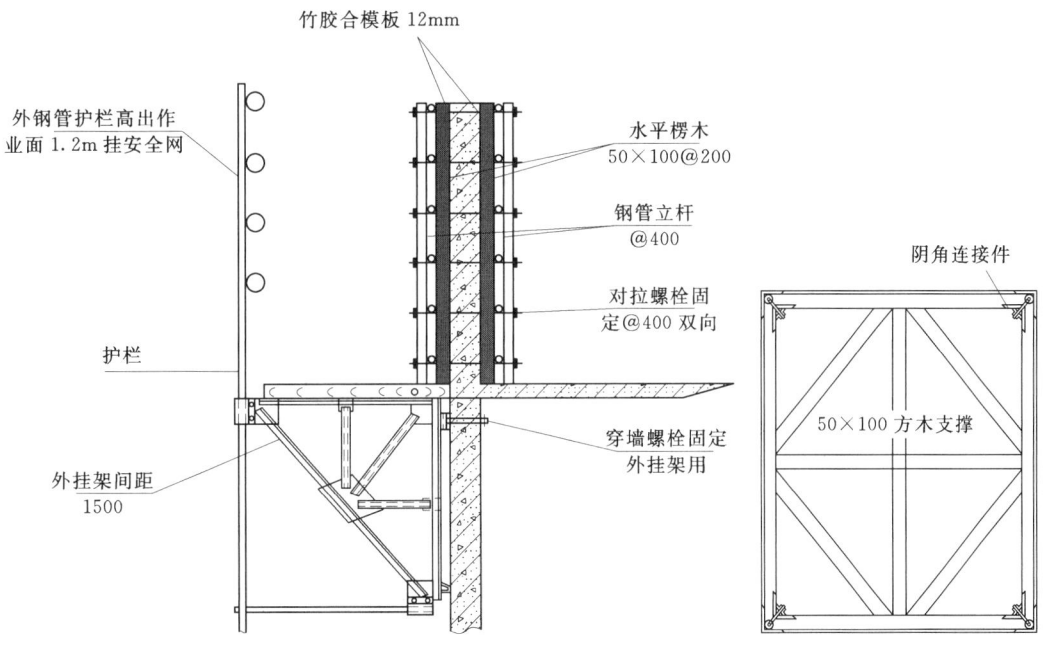

图 9-5 标准层外墙模板安装示意简图　　图 9-6 窗洞口模板示意图

2）板与墙接触处阴角做法。为防止出现错台，浇墙混凝土时适当将墙内侧混凝土浇高出楼板底标高 5~10mm，支楼板模时沿墙四周设置一道 50cm×100cm 方木，在铺钉光面胶合板与墙接触缝用海棉条封实，防止漏浆，顶板模安装如图 9-8 所示。

（8）楼梯模板设计。1 号楼地下室楼梯模板底板为 12mm 厚竹胶板，用 5cm×10cm 方木作背楞，$\phi 48 \times 3.5$ 钢管作支撑体系，楼梯模板施工前应根据实际层高放样，先支设平台模板，再支设楼梯底模板，然后支设楼梯侧板，底模板超出侧模 2~3cm，楼梯模板

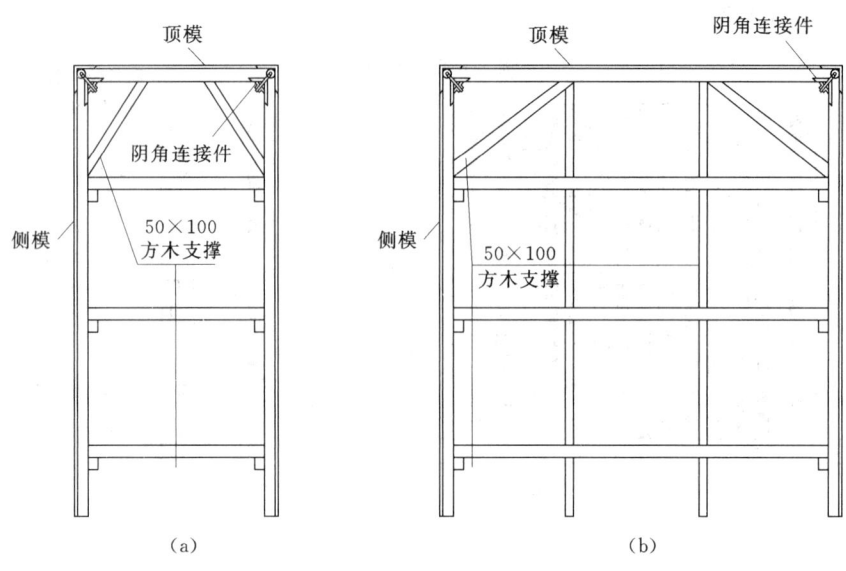

图 9-7 门洞口模板支设图
(a) 窄门洞口模板支设图;(b) 宽门洞口模板支设图

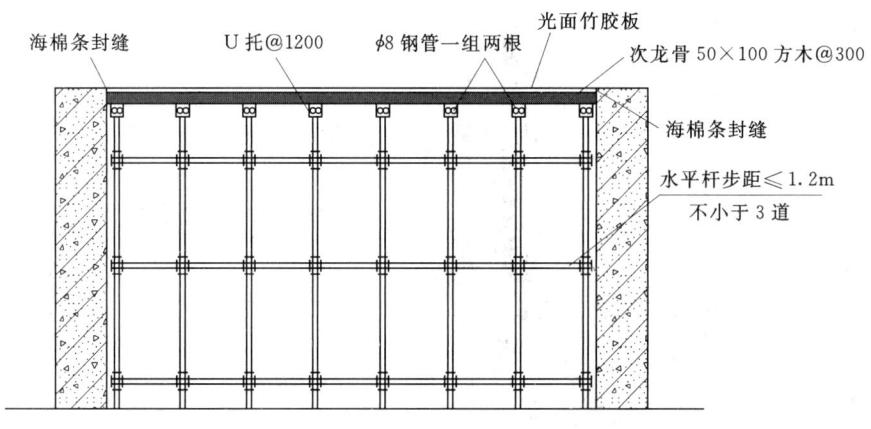

图 9-8 顶板模板安装示意图

支撑体系采用钢管加快拆头斜撑,中间设横向拉杆一道,侧模固定采用 50cm×100cm 的木枋固定如图 9-9、图 9-10 所示。

对于标准层楼梯踏步,采用模板公司设计生产的定型整体踏步模板,该模板施工方便、成型效果好,在以往工程中均已取得很好的效果,其踏步模板如图 9-11 所示。

(9) 阳台及栏杆模板设计(图 9-12)。

(10) 施工缝处模板处理。1 号楼顶板及墙体施工缝位置处先在墙筋和板筋上每隔 10~15cm 焊上钢筋定位筋,然后采用双层密目钢丝网进行绑扎固定牢固,拆完模板之后安装规范要求对施工缝进行剔凿并清理干净,在进行下一段墙体或顶板打灰前必须先浇水湿润。

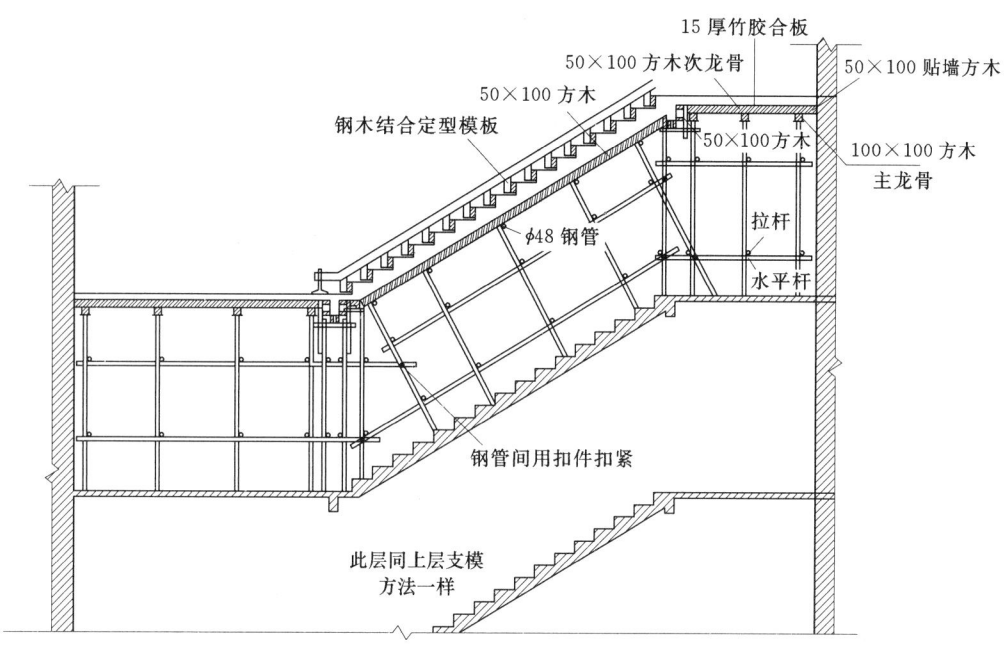

图 9-9 楼梯模板支撑体系示意图

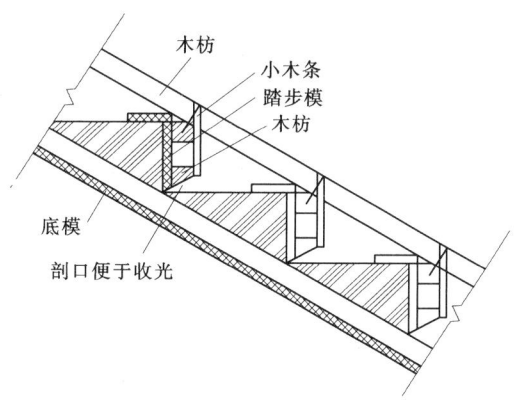

图 9-10 楼梯踏步模板示意图

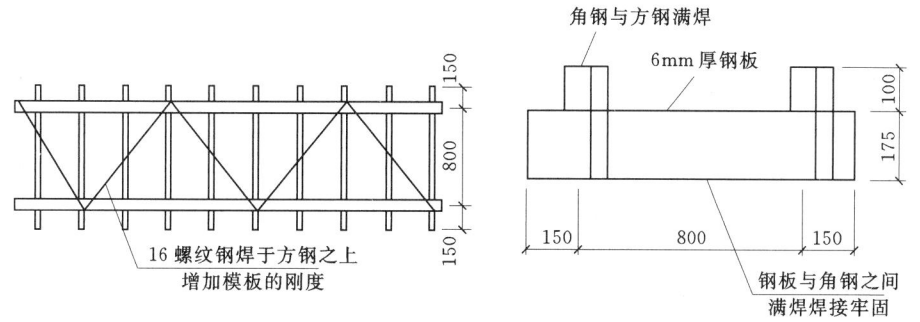

图 9-11（一） 定型整体踏步模板示意图

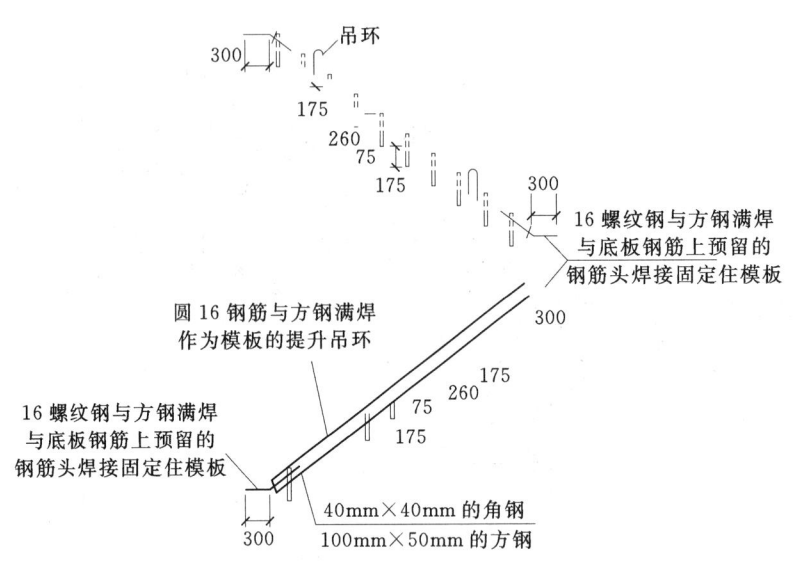

图 9-11（二） 定型整体踏步模板示意图

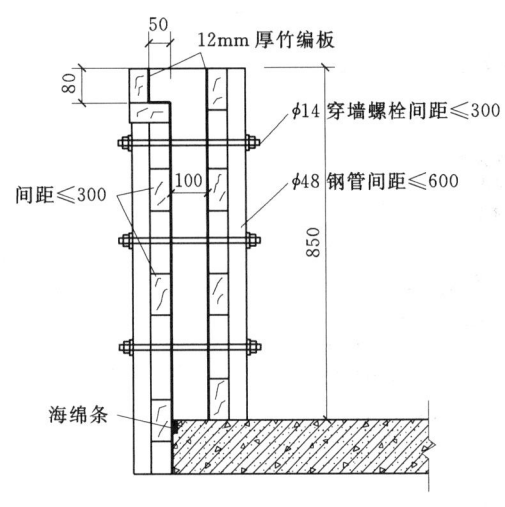

图 9-12 阳台栏板支设图

(11) 材料要求及墙体支模相应技术要求。

1) 材料。剪力墙光面多层板厚 10~12mm，背楞方木 50cm×100cm，加固钢管使用脚手架管，穿墙螺杆 $\phi16$ 圆钢加工两端开丝，配套螺母、3 形件。

2) 模板的配制，按照图纸要求，最好整张模板进行配置，避免浪费同时方便吊装和拆除，多层板面拼缝严密，最大缝隙控制在 2mm 以内，板面平整光滑，钉帽不得凸出板面，穿墙螺栓孔 $\phi16$ 螺杆可钻 $\phi16.5$ 孔，防止孔大漏浆，要孔洞间距均匀，内外模板孔对称，大墙转角和丁字墙处应进行细部加固，同时在转角模缝隙应加密封条，防止漏浆。

3) 模板安装。模板安装前，应在剪力墙钢筋底部高 10~15cm 处竖向水平间距均为 1.5~2m 的模板限位筋，限位筋用不小于 $\phi12$ 钢筋焊接，钢筋限位的宽度比墙厚小 2mm，满足混凝土侧压变形量要求，对大墙面由多块模板拼接，或与内外角模连接时，拼缝应顺直，不得有错台，缝隙必须用海绵压条封密，外墙外模上下层接缝处应加密封条。模板就位后，先将根部按照放好墙边线或控制线校正一面，再安装校正另一面，借用内架加固，模板校正加固后，底部提前用砂浆封堵，有一定强度后方可浇筑混凝土。

4) 模板质量允许偏差和检查方法。模板质量允许偏差见表 9-1，模板安装允许偏差见表 9-2。

表 9-1　　　　　　　　　　　　　模板质量允许偏差　　　　　　　　　　　　单位：mm

序号	名称	允许偏差	检查方法
1	模板高度	±2	钢卷尺
2	模板宽度	±2	钢卷尺
3	对角线	3	钢卷尺
4	板面平整度	2	2m靠尺、塞尺
5	相邻板面高低差	1	2m靠尺、塞尺
6	边框平直度	±1	3m靠尺、塞尺
7	模板翘曲度	L/1000	在平台上对角拉线
8	模板拼装后接缝宽度	1	塞尺
9	穿墙螺栓孔眼位置	1	钢尺
10	油漆	无漏涂无流淌	目测

表 9-2　　　　　　　　　　　　　模板安装允许偏差　　　　　　　　　　　　单位：mm

项次	项目		允许偏差值	检查方法
1	轴线位移	基础	8	尺量
		柱、墙、梁	3	
2	标高		±3	水准仪或拉线尺量
3	截面尺寸	基础	±5	尺量
		柱、墙、梁	±2	
4	每层垂直度		3	2m托线板
5	相邻两板表面高低差		2	直尺、尺量
6	表面平整度		2	2m靠尺、楔形塞尺
7	阴阳角	方正	2	5m线尺
		顺直	2	
8	预埋铁件、预埋管、螺栓	中心线位移	2	拉线、尺量
		螺栓中心线位移	2	
		螺栓外露长度	+10, 0	
9	预留孔洞	中心线位移	5	拉线、尺量
		内孔洞尺寸	+5, 0	
10	门窗洞口	中心线位移	3	拉线、尺量
		宽、高	±5	
		对角线	6	

（12）模板拆除工艺流程。

1）浇筑外墙混凝土时，在外墙外模板内侧，内板上部安装导墙木板。

2）模板拆除时，结构混凝土强度应符合设计要求或规范规定，侧模在混凝土强度能保证其表面及棱角不因拆模而受损坏时，即可拆除，模板拆模保证墙体混凝土强度不小于 1.2N/mm² 时方可进行此项工作。

3）梁、板模拆除，当设计无要求时，可按以下混凝土强度（表 9-3）拆除底模板。

表 9-3　　　　　　　　　　现浇结构拆模时所需混凝土强度

结构类型	结构跨度/m	按设计的混凝土强度标准值百分率计
板	≤2	≥50%
	>2，≤8	≥75%
	>8	≥100%
梁、拱、壳	≤8	≥75%
	>8	≥100%
悬臂构件		≥100%

注　本规定中"设计的混凝土强度标准值"系指与设计混凝土强度等级相应的混凝土。

4）拆模时，混凝土强度必须达到表 9-3 强度要求方可拆除。

5）结构拆除底模后，其结构上部应严格控制堆放料具及施工荷载，必要时应经过核算或加设临时支撑，悬挑结构，均应加临时支撑。

6）拆下的模板及附件应及时维修保养，清理干净刷油或脱模剂，并分类整齐堆放。

（13）模板工程质量保证措施。

1）冬期施工模板多采用聚苯板保温，在混凝土浇筑后用草帘被覆盖，要求覆盖牢固，特别是迎风面、结构转角易散热处适当增强保温措施，并依据测温情况适当调整或增强保温措施。

2）墙柱烂根的处理方法如下：①传统做法为在墙柱模板支设后用砂浆或其他材料填堵，漏浆烂根现象仍无法全部根除，反而有时会造成夹渣现象；②墙、柱根部采用抹砂浆台和加设海绵条或橡胶软管的办法，基本上能解决漏浆的问题，但砂浆强度不易保证，剔除后不美观，且费工费料；③采取在浇筑顶板混凝土时在墙根部支设模板处分别用 4m 和 2m 刮杠刮平，并控制墙体两侧及柱四周板标高，标高偏差控制在 2mm 以内，并用铁抹子找平，支模时加设海绵条或橡胶软管的办法可取得较理想的效果。

（14）模板漏浆处理。

1）顶板模板和墙体的接缝处理方法如下：①可采用在墙体混凝土浇筑时控制浇筑高度的办法处理，即墙体混凝土浇筑时高出楼板底标高 8～12cm，在剔除 8～10cm 浮浆后将顶板边木方靠紧墙体后支设顶板模；②顶板与墙体的接缝处，如果将顶板直接靠墙上，容易造成接缝过大导致漏浆，另一种成熟的做法是用带企口的木方代替板模，在木方上留一个宽 25mm、深 15mm 的企口，顶板模板搭在企口上，顶板模与木方接触处垫上海棉条，防止漏浆，木方用夹具夹紧在墙面上，如图 9-13 所示。

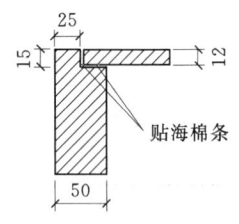

图 9-13　顶板模板和墙体的接缝处理

2）木模板施工，上下层楼板接缝处容易出现漏浆现象，可在外墙外侧浇筑导墙，其高度与楼板厚度相同，作为楼板浇筑时的侧模，并在模板外侧加焊 5 个厚的钢板控制负偏差。

3）模板拼缝内侧用海棉条镶嵌，挤紧防止漏浆。

4）防止胀模、位移可采取的措施如下：①控制模板设计强度；②加密背楞；③模板支设前放好定位线、控制线；④墙柱模板安装就位前采取定位措施。

5）成品保护措施如下：①吊装模板时轻放轻起，不准碰坏已完成的结构，并注意防止模板变形；②严禁用大锤砸或撬棍硬撬门窗框模板，应松螺丝拆卸，以免损伤混凝土表面及棱角；③模板的堆放、清理和修理，模板拆除后，立即对模板的板面及缝隙进行全面彻底清理，保证下次使用不出现粘模现象，模板使用后要进行维修清理，如模板清理、变形的校正、模板配件的更换等。

四、安全措施

（1）进入施工现场人员必须戴好安全帽，高空作业人员必须佩戴安全带，并应系牢。

（2）工作前应先检查使用的工具是否牢固，扳手等工具必须用绳链系挂在身上，钉子必须放在工具袋内，以免掉落伤人。工作时要思想集中，防止钉子扎脚和空中落物。

（3）高空、复杂结构模板的安装与拆除，事先应有安全措施。

（4）遇六级及其以上的大风时，应暂停室外的高空作业，雪霜雨后应先清扫施工现场，略干不滑时再进行作业。

（5）二人抬运模板时要互相配合、协同工作。传递模板，工具应用运输工具或绳子系牢后升降，不得乱抛。模板及配件应随装拆运送，严禁从高处掷下，高空拆模时，应有专人指挥。并在下面标出工作区，用绳子和红白旗加以围栏，暂停人员过往。

（6）不得在脚手架上堆放大批模板等材料。

（7）支模过程中，如需中途停歇，用将支撑、搭头、柱头板等钉牢。拆模间歇时，应将已活动的模板、牵杠、支撑等运走或妥善堆放，防止因踏空、扶空而坠落。

（8）模板上有预留洞的应在安装后将洞口盖好，混凝土板上的预留洞，应在模板拆除后即将洞口盖好。

（9）拆除模板一般用长撬棍，人不许站在正在拆除的模板上，在拆除楼板模板时要注意整块模板掉下，拆模人员要站在门窗洞口外拉支撑，防止模板突然全部掉落伤人。

（10）装拆模板时禁止使用 2 英寸×4 英寸木料做脚手架板。

（11）高空作业要搭设脚手架或操作台，上下要使用梯子，不许站立在墙上工作；不准站在大梁底模上行走，操作人员严禁穿硬底鞋及有跟鞋作业。

（12）装拆模板时，作业人员要站立在安全地点进行操作，防止上下在同一垂直面上工作；操作人员要主动避让吊物，增强自我保护和相互保护的安全意识。

（13）拆模必须一次性拆清，不得留下无支撑模板。拆下的模板要及时清理，堆放整齐。

（14）拆模时，临时脚手架必须牢固，不得用拆下的模板做脚手板。脚手板搁置必须牢固平整，不得有空头板，以防踏空坠落。

（15）在施工过程中如发现其他不安全因素，可在重复交底时再补充交底内容。

项目 2　湖南省质量技术监督检测中心模板工程施工方案

一、工程概况

湖南省质量技术监督检测中心位于长沙市时代阳光大道 238 号,该工程由三座主楼及其相应地下室组成,其中,地上建筑面积为 40681.682m^2,地下建筑面积为 5885.18m^2,总建筑面积为 46567m^2。建筑物高度 54.3m。设计使用年限 50 年,场地类别为Ⅱ类,抗震等级为四级,抗震设防烈度 6 度。

该工程为框架剪力墙结构公共建筑楼,地下室二层层高 4.8m;地下室一层层高 2.1m;首层层高 5.4m;二、三层层高 4.5m;标准层层高 3.9m。本项目柱主要截面有 600mm×600mm、700mm×700mm、800mm×800mm、900mm×900mm、1050mm×1050mm、600mm×1450mm、650mm×900mm、500mm×1000mm、500mm×800mm、350mm×500mm、300mm×300mm、240mm×300mm。梁主要截面有:240mm×300mm、240mm×400mm、240mm×500mm、300mm×450mm、300mm×500mm、300mm×600mm、340mm×300mm、350mm×550mm、400mm×550mm、400mm×600mm、450mm×600mm、500mm×850mm、550mm×600mm、700mm×600mm。剪力墙厚度主要有 240mm、300mm。各层板厚有 120mm、100mm、140mm、160mm、180mm、200mm。

选用梁的验算尺寸为:700mm×600mm;剪力墙的厚度跟模板验算无关,剪力墙的验算厚度为 300mm。

二、编制依据

(1)工程设计图纸。
(2)《建筑施工安全检查标准》(JGJ 59—99)。
(3)《建筑施工扣件式钢管脚手架安全技术规范》(JGJ 130—2001)(2002 年版)。
(4)《混凝土结构工程施工质量验收规范》(GB 50204—2002)。
(5)建设部、省、市(地级市)有关高支模施工技术、质量、安全和文明的规定。

三、模板工程材料的选用

根据公司常规的施工方法,结合市场材料供应情况,考虑施工质量的要求以及施工的易操作性,本工程模板工程采用的材料分别如下:

(1)模板支撑体系。采用扣件式钢管满堂红支模架作为模板水平和垂直支撑体系。具体构件的支撑方式详见后面的构件支模方法。

(2)模板板材。为了保证工程质量及增加模板周转次数,墙、柱采用 18mm 厚双面覆膜竹胶合板,梁板模板采用 18mm 厚双面覆膜竹胶合板。模板本身的质量直接牵涉到模板工程的质量和模板的周转次数,所以模板进货时必须严格把关。

(3)木枋材料。该工程木枋采用 60mm×80mm 杉木方材,直接购进成品,到现场再经平刨和压刨加工,选购时必须注意木材的含水率必须低于 25%,不得有翘曲变形现象。其他辅助材料的选择和要求在后面的方案中再说明。

(4)钢管材料。采用 $\phi 48 \times 3.0$mm 的钢管。

四、支撑系统及模板周转材料的配备

(1) 模板工程施工段划分：本工程根据工程实际，以三座楼相对独立分布，故按设计自然分三个布局平行施工。其中A座为一段，B座为一段，C座为一段。

(2) 为保证支模质量和混凝土的成型质量，该工程主体独立柱和顶板混凝土准备同时浇筑。剪力墙混凝土单独先于顶板支模前浇筑。故独立柱和顶板模及支撑系统准备三层，剪力墙模和支撑系统准备一层，循环使用。

五、模板工艺要求和施工方法

（一）支模架的搭设

支模架采用扣件式钢管支模架作梁和平板模板的竖向垂直支撑，同时也作柱和剪力墙的水平固定支撑。搭设的具体要求如下：

(1) 立管间距。对地下室梁板柱网尺寸0.8m×0.8m，对标准层梁板柱网尺寸0.1m×0.1m，在有梁的位置立杆沿梁跨度方向加密，立杆间距为0.5m。

(2) 水平杆布设。离地150～200mm设一道扫地杆，纵横向布置，梁、板底部根据支模需要标高搭设一道水平杆，扫地杆和顶层水平杆之间应增加水平连接杆，纵横两向布置，水平杆的垂直距离不得超过1.80m。

(3) 剪刀撑布置。为加强整个支模架体系的整体稳定性，在满堂红架子中，纵横向均应设垂直方向剪刀撑，剪刀撑间距不大于4.0m。

（二）柱模施工方法

柱子模板采用双面覆膜木胶合板制成定型模板，柱箍采用$\phi48$钢管和$\phi12$对拉螺栓。柱子的水平支撑利用满堂红支模架作为水平支撑，每柱水平支撑不得少于上、中、下三道，水平支撑的间距不得大于1.5m。

柱模的装配图详见下图：柱模杉枋间距不大于300mm，紧固体系采用双钢管@500mm由$\phi12$圆钢螺杆和蝴蝶扣对拉，螺杆端头螺母为2个，对拉螺杆的材料质量应严格验收。

双钢管与螺杆设置具体规则如下：

(1) $b(h)\leqslant500$mm时只须在外侧用双钢管打箍。

(2) $500\text{mm}<b(h)\leqslant800\text{mm}$时，外侧用双钢管打箍，中部增设$\phi12$穿柱对拉螺杆一道，竖向间距均为500mm，穿柱对拉螺杆外套硬塑管。

(3) $800\text{mm}<b(h)\leqslant1000\text{mm}$时，外侧用双钢管打箍，中部增设$\phi12$穿柱对拉螺杆二道，竖向间距均为500mm，穿柱对拉螺杆外套硬塑管。

(4) 柱模安装。当底板或楼板混凝土施工完毕后，在楼面上弹出柱子的纵横向轴线，用油漆做好标记，并放出柱边线及100mm控制线，底板顶面或楼面的表面要求平整，标高明确，以防止底板顶面或楼面不平使柱子模板底部有缝隙。浇混凝土时漏浆，造成柱子烂根现象。柱模板一次到梁底2cm，拼装到位，先将满堂红支模架搭好，留出柱模入模的位置，再按柱编号，一片一片入模，按柱边线放好模板，吊正，加柱箍，按间距500mm，柱上下口300mm各设一箍。将水平钢管与四周满堂架连接形成一个整体，柱脚下应镶贴压枋顶紧。框架柱支模如图9-14所示。

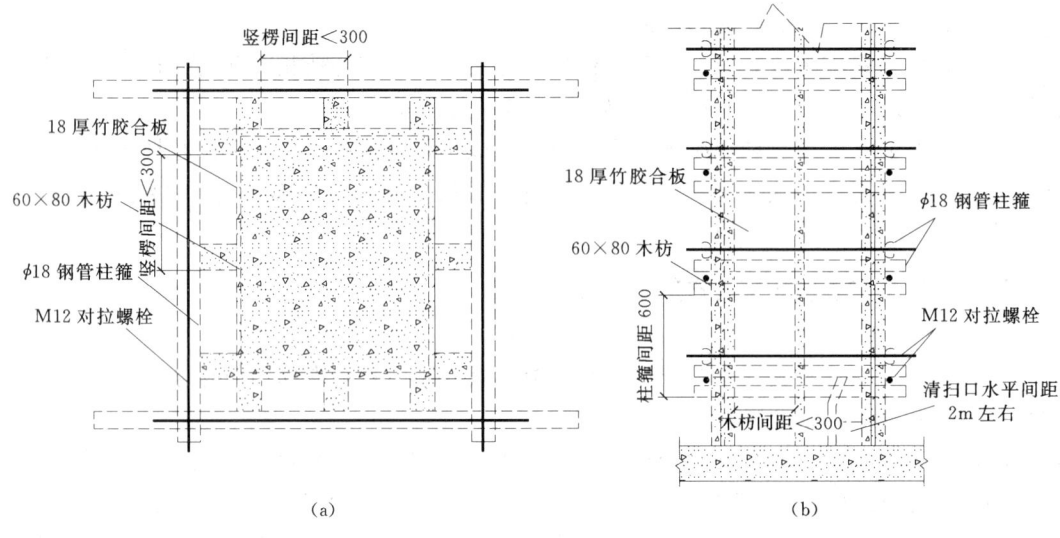

图 9-14 框架柱支模示意图
(a) 剖面示意图；(b) 立面示意图

(5) 梁板支撑说明。

1) 螺杆间距：梁模杉枋间距300mm，采用 φ12 对拉螺杆每端蝴蝶扣不少于 2 个，螺杆端头螺母不少于 2 个。螺杆按梁高不同设置数量如图 9-15 所示。

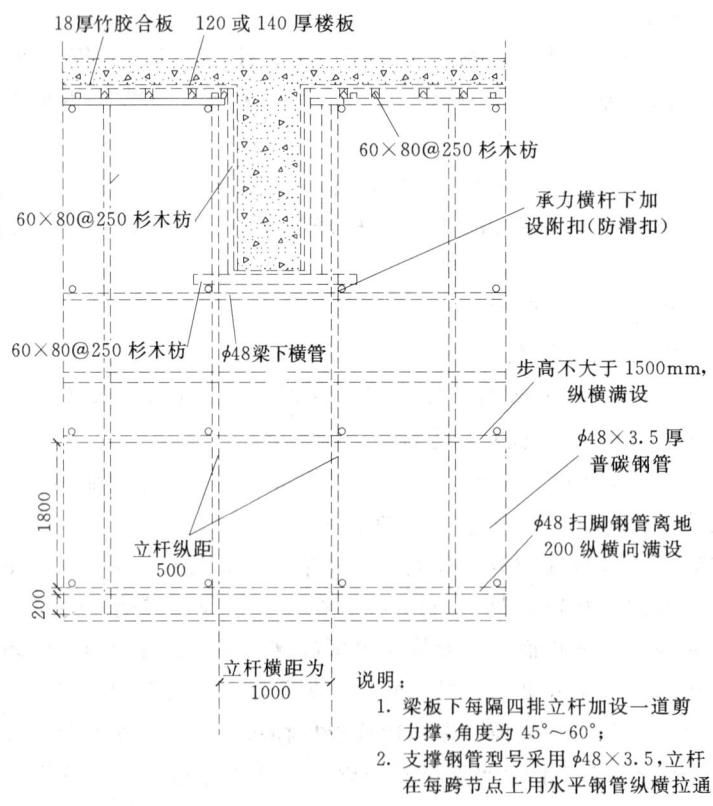

图 9-15 梁板支模示意图

2) 立杆间距：地下室顶板立杆纵横间距 800mm；标准层楼板立杆纵横间距 1000mm；双排立杆，纵向间距 800mm。

3) 横向支撑：离地 200mm，纵横满设；步高 1500～1800mm，纵横满设水平拉杆；紧靠立杆设置梁下承力小横杆，且沿梁纵向每两根立杆之间增设一根，承力小横杆下须加设附扣。

4) 斜向支撑：在梁两侧每 3 根立杆设一道通高斜撑，斜撑中部在与其他杆件相交处均用旋转扣件联结。板下纵横向每 5 根立杆加设一道通高剪刀撑，剪刀撑角度为 45°～60°。梁板底模应按规范起拱 1～3/1000。

(6) 悬挑板支模方法。针对本工程外墙上悬挑板多的特点，为了保证墙的质量，争创鲁班奖工程，准备采用一次成型的方法进行悬挑板的施工。在悬挑板模上预埋滴水槽，使其一次成型，不再进行二次抹灰。

(7) 楼梯支模方法。因按设计图纸本工程的楼梯要做二次装修，故要留出二次装修的标高和立面装修的位置。楼段侧板踏步及中部反三角木均采用 5cm 厚木板。施工之前依据实际层高放样，标高按建筑标高降 30mm 为保证装饰的上下跑梯侧同线，在制作时，每跑段板向上方向移进 2cm。

楼梯模板支设示意如图 9-16 所示。

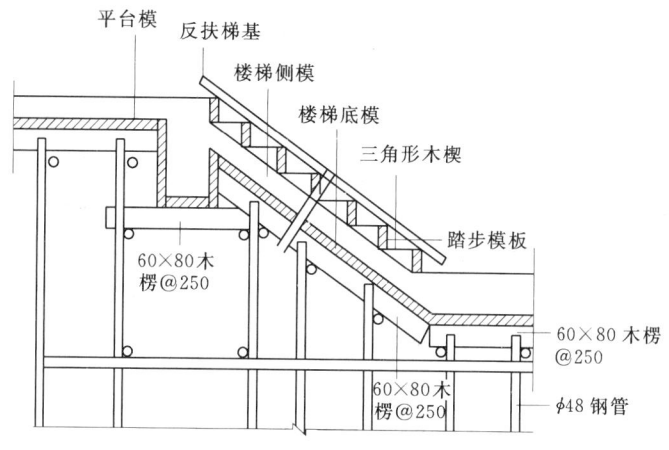

图 9-16 楼梯支模示意图

(8) 预留预埋及特殊部位处理。为了满足工艺需要，确保工程质量达到优良，预留预埋准确到位，采取了以下措施：

1) 指派一名专职的管理人员负责预留、预埋的管理与检查工作，随时督促、检查操作人员进行预留预埋，并在浇筑前进行一次全面核查，确保预留预埋无一疏漏，并且安装牢固。

2) 上下水管孔洞的预留预埋采用一次成型工艺，详见水电施工图纸、通风、烟道孔洞的预留采用木模。在顶板支模完成后，用颜色涂料在顶板上放出洞口位置线，将专用木模固立于楼板之上，用螺栓固定。支模前涂脱模剂，混凝土初凝后 2h 内拆模。

六、支模架搭设构造要求

（1）纵向水平杆的构造应符合下列规定：

1）纵向水平杆宜设置在立杆内侧，其长度不宜小于3跨。

2）纵向水平杆接长宜采用对接扣件连接，也可采用搭接。对接、搭接应符合下列规定：

a. 纵向水平杆的对接扣件应交错布置：两根相邻纵向水平杆的接头不宜设置在同步或同跨内；不同步或不同跨两个相邻接头在水平方向错开的距离不应小于500mm；各接头至中心最近主节点的距离不宜大于纵距的1/3。

b. 搭接长度不应小于1m，应等间距设置3个旋转扣件固定，端部扣件盖板边缘至搭接纵向水平杆杆端的距离不应小于100mm。

（2）设置底座或垫板，部分层次考虑到混凝土强度若达到设计强度，可以不设置底座和垫板。

（3）支模架必须设置纵、横向扫地杆。纵向扫地杆应采用直角扣件固定在距底座上皮不大于200mm处的立杆上。横向扫地杆亦应采用直角扣件固定在紧靠纵向扫地杆下方的立杆上。当立杆基础不在同一高度上时，必须将高处的纵向扫地杆向低处延长两跨与立杆固定，高低差不应大于1m。靠边坡上方的立杆轴线到边坡的距离不应小于500mm。

（4）立杆接长必须采用对接扣件连接。对接应符合下列规定：立杆上的对接扣件应交错布置：两根相邻立杆的接头不应设置在同步内，同步内隔一根立杆的两个相隔接头在高度方向错开的距离不宜小于500mm；各接头中心至主节点的距离不宜大于步距的1/3。

（5）剪刀撑宽度不应小于4跨，且不应小于6m，剪力撑应满足斜杆与地面的倾角在45°～60°；每道剪刀撑跨越立杆的根数按与地面倾角不同采用不同数量：45°时，可跨7根；50°，可跨6根；60°，可跨5根。

（6）支架立杆应竖直设置，2m高度的垂直允许偏差为15mm。

（7）设在支架立杆根部的可调底座，当其伸出长度超过300mm时，应采取可靠措施固定。

（8）满堂模板支架的支撑设置应符合下列规定：

1）满堂模板支架的四边与中间每隔四排支架立杆应设置一道纵向剪刀撑，由底至顶连续设置。

2）高于4m的模板支架，其两端与中间每隔4排立杆从顶层开始向下每隔2步设置一道水平剪刀撑。

（9）满堂模板支架的支撑在板的位置，在搭设之前，按下层的立杆布置，画好立撑杆的位置点，按点位设立撑，从而保证上下层支撑于同一个点上，防止剪力破坏楼板，减少楼板开裂现象发生。

七、检查与验收

（一）构配件检查与验收

（1）新钢管的检查应符合下列规定：

1) 应有产品质量合格证。

2) 应有质量检验报告,钢管材质检验方法应符合现行国家标准《金属拉伸试验方法》(GB/T288)的有关规定,质量应符合现行国家标准《碳素结构钢》(GB/T700)中Q235-A级钢的规定。

3) 钢管表面应平直光滑,不应有裂缝、结疤、分层、错位、硬弯、毛刺、压痕和深的划道。

4) 钢管外径、壁厚、端面等的偏差,应控制在允许偏差范围以内。

5) 钢管必须涂有防锈漆。

(2) 扣件的验收应符合下列规定:

1) 新扣件应有生产许可证、法定检测单位的测试报告和产品质量合格证。当对扣件质量有怀疑时,应按现行国家标准《钢管支模架扣件》(GB 15831)的规定抽样检测。

2) 旧扣件使用前应进行质量检查,有裂缝、变形严禁使用,出现滑丝的螺栓必须更换。

3) 新、旧扣件均应进行防锈处理。

(3) 构配件的偏差应符合表9-4的要求。

表9-4 构配件允许偏差表

序号	项 目	允许偏差/mm	检查工具
1	焊接钢管尺寸: 外径48mm 壁厚3.0mm	-0.5 -0.5 -0.5 -0.45	游标卡尺
2	钢管两端面 切斜偏差	1.70	塞尺 拐角尺
3	钢管外表面 锈蚀深度	≤0.50	游标卡尺
4	钢管弯曲 a. 各种杆件钢管的端部弯曲 $l≤1.5m$	≤5	钢板尺
	b. 立杆钢管弯曲 $3m<l≤4m$ $l>4m$	≤12 ≤20	
	c. 水平杆、斜杆的钢管弯曲 $l≤6.5mm$	≤30	
5	冲压钢脚手板 a. 板面挠曲 $l≤4mm$ $l>4mm$	≤12 ≤16	钢板尺
	b. 板面扭曲(任一角翘起)	≤5	

(二) 支模架检查与验收

(1) 支模架及其基础应在基础完工后及支模架搭设前进行检查与验收。

（2）支模架使用中，应定期检查支模架安全防护措施是否符合要求及支模架是否超载。

（3）支模架搭设的技术要求、允许偏差与检验方法，应符合表9-5的规定。

表9-5　　　　　　　　　　支模架允许偏差表

项次	项　目		技术要求	允许偏差/mm			示意图	检查方法与工具
1	立杆垂直度	最后验收垂直度 20~80mm	—	±100				用吊线和卷尺
		下列支模架允许水平偏差/mm						
		搭设中检查偏差的高度/mm	总高度					
			50mm	40mm	20mm			
		H=2	±7	±7	±7			
		H=10	±20	±25	±50			
		H=20	±40	±50	±100			
		H=30	±60	±75				
		H=40	±80	±100				
		H=50	±100					
		中间档次用插入法						
2	间距	步距		±20				钢板尺
		纵距		±50				
		横距		±20				
3	纵向水平杆高差	一根杆的两端		±20				水平仪或水平尺
4	双排支模架横向水平杆外伸长度偏差	外伸500mm		−50				钢板尺
5	扣件安装	主节点处各扣件中心点相互距离	$a \leqslant 150mm$					钢板尺
		同步立杆上两个相隔对接扣件的高差	$a \geqslant 500mm$					钢卷尺
		杆上的对接扣件至主节点的距离	$a \leqslant h/3$					
		纵向水平杆上的对接扣件至主节点的距离	$a \leqslant l_0/3$					钢卷尺
		扣件螺栓拧紧扭力矩	40~65N·m					扭力扳手
6	剪刀撑斜杆与地面的倾角		45°~60°					角尺

（4）安装后的扣件螺栓拧紧扭力矩应采用扭力扳手检查，抽样方法应随机分布原则进行。抽样检查数目与质量判定标准，应按表9-6的规定确定。不合格的必须重新拧紧，直至合格为止。

表 9-6　　　　　　　　　　　　扣 件 质 量 判 定 标 准

项次	检查项目	安装扣件数量/个	抽检数量/个	允许的不合格数
1	连接立杆与纵（横）向水平杆或剪刀撑的扣件；接长立杆、纵向水平杆或剪刀撑的扣件	51～90	5	0
		91～150	8	1
		151～280	13	1
		281～500	20	2
		501～1200	32	3
		1201～3200	50	5
2	连接横向水平杆与纵向水平杆的扣件（非主节点处）	51～90	5	1
		91～150	8	2
		151～280	13	3
		281～500	20	5
		501～1200	32	7
		1201～3200	50	10

（三）模板的检查与验收

（1）保证工程结构和构件各部分形状尺寸相互位置的正确。

（2）具有足够的承载能力、刚度和稳定性，能可靠地承受新浇筑混凝土的自重和侧压力，以及在施工过程中所产生的荷载。

（3）构造简单，装拆方便，并便于钢筋的绑扎，安装和混凝土的浇筑，养护等要求。

（4）模板的接缝不应漏浆。

（5）模板与混凝土的接触面应涂隔离剂。对油质类等影响结构或妨碍装饰工程施工的隔离剂不宜采用。

（6）固定在模板上的预埋件和预留孔洞均不得遗漏，安装必须牢固，位置准确。

（7）模板拆除时混凝土的强度需符合表 9-7 的要求。

表 9-7　　　　　　　　　　模板拆除时的混凝土强度要求

结构类型	结构跨度/m	按设计的混凝土强度标准值的百分率计
板	≤2	50%
	>2，≤8	75%
	>8	100%
梁、拱、壳	≤8	75%
	>8	100%
悬壁构件	≤2	75%
	>2	100%

八、质量保证措施

（1）做好施工技术交底和工人培训工作，工人进场由施工员组织开翔实的施工方案技术交底会，让每一位班组长和工人同志熟悉工艺和质量要求，对工人进行培训。

（2）建立健全的组织管理体系，其项目经理部组织机构图见图9-17。

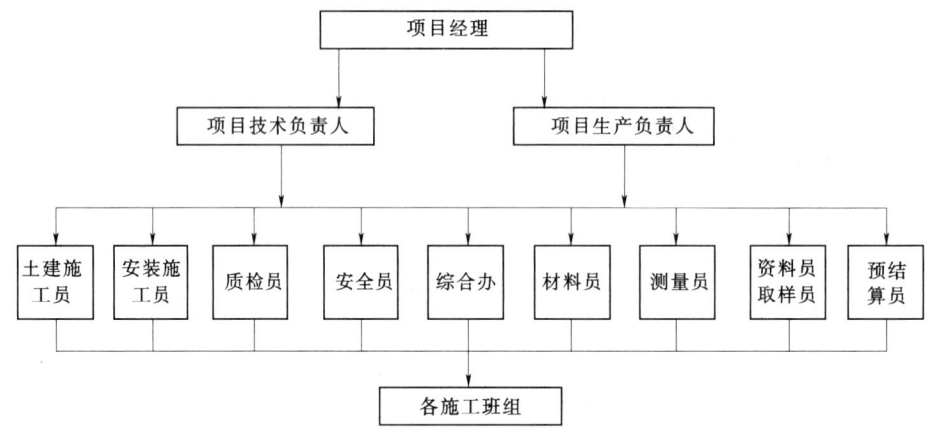

图9-17 项目经理部组织机构

（3）在生产过程中，施工技术人员和质检员必须坚守现场，对工程施工过程进行全过程监督和指导，发现问题及时进行整改处理，把好技术和质量关。

（4）模板、木枋材料的进场必须严格把关，符合模板工程的使用要求，模板厚度一致，木枋含水率及平直度必须达到要求。施工过程中，所有木枋必须经压刨机处理，以规范木枋尺寸，保证模板工程的平整度。所有木模板下料后，锯料口必须经平刨机刨平、刨直，以保证模板接缝严密。用于铺设模板、木枋的架管，槽钢等金属材料，必须保证顺直，钢管槽钢木枋、模板上的水泥壳在装模前必须清理干净，以保证装模尺寸准确无误。

（5）从严要求，严格检查验收。每个班组必须设定班组质检员，每一种构件模板工程施工完毕后，必须由班组自检，符合要求后，再由施工员进行逐个构件的全面复检，最后通知专职质检员进行模板工程验收，并做好自检记录。质量检查必须严格按照现行施工规范的要求进行。混凝土浇捣以前，必须经班组长、模板工长、质检员签字认可。

（6）严格管理制度，对施工过程中违章作业，不按技术交底要求作业的班组，将予以重罚，对模板工程在混凝土浇捣过程中出现跑模、漏浆等较为严重的质量问题将处以1000元以上的罚款。

九、工期保证措施

（1）认真细致地做好施工准备工作，提前分析、掌握施工蓝图及技术变更情况，对施工过程中可能遇到的问题做到心中有数。

（2）保证充足的劳动力：①地下室阶段：木工人数保证在160人以上；②标准层阶段：木工人数保证在120人以上。

（3）建立严格的加班制度：为保证工期，加快工程进度，我项目建立严格的加班制度，每天管理人员和各施工队伍分班作业（恶劣天气除外）。

（4）结合工程实际情况，标准层柱和顶板混凝土一次浇灌，柱和顶板模同时进行，以加快工程进度。

十、安全管理

（1）支模架搭设人员必须是经过按现行国家标准《特种作业人员安全技术考核管理规则》（GB 5036）考核合格的专业架子工。上岗人员应定期体检，合格者方可持证上岗。

（2）搭设支模架人员必须戴安全帽、系安全带、穿防滑鞋。

（3）支模架的构配件质量与搭设质量，应按上表的规定进行检查验收，合格后方准使用。

（4）作业层上的施工荷载应符合设计要求，不得超载。不得将模板支架、缆风绳、泵送混凝土和砂浆的输送管等固定在支模架上；严禁悬挂起重设备。

（5）当有六级及以上大风和雾、雨、雪天气时应停止支模架搭设与拆除作业。雨、雪后上架作业应有防滑措施，并应扫除积雪。

（6）支模架的安全检查与维护，在进行支模架检查、验收时应根据有关技术文件规定进行，安全网应按有关规定搭设或拆除。

（7）在支模架使用期间，严禁拆除下列杆件：主节点处的纵、横向水平杆，纵、横向扫地杆。

（8）不得在支模架基础及其邻近处进行挖掘作业，否则应采取安全措施，并报技术部门批准。

（9）临街搭设支模架时，外侧应有防止坠物伤人的防护措施。

（10）在支模架上进行电、气焊作业时，必须有防火措施和专人看守。

（11）工地临时用电线路的架设及支模架接地、避雷措施等，应按现行行业标准《施工现场临时用电安全技术规范》（JGJ 46）的有关规定执行。

（12）搭拆支模架时，地面应设围栏和警戒标志，并派专人看守，严禁非操作人员入内。

（13）工人进场必须进行安全交底和安全教育，提高安全意识。

（14）楼板模板包括混凝土在内，堆载不得大于 $8kN/m^2$。

（15）作业人员进入施工现场必须正确配戴安全帽，不准穿拖鞋或赤膊作业。

（16）使用木工机械必须遵守机械操作规程，注意安全用电。

（17）不准高空抛物，危险作业，不得酒后作业，严禁在架上嬉闹。

（18）施工员和安全员必须对现场安全生产负责，施工班组长为班组安全生产第一责任人，负责对本班组安全施工作业的监督。

（19）楼面梁板混凝土采用混凝土输送泵输送，因输送泵管的冲击力影响，混凝土管及配件对楼面的堆载也使得楼面上的荷载增大，故泵送施工时，为防止下层楼面模板及支撑系统变形甚至坍塌，采取增设剪刀撑和扫地杆措施使支模架保证足够的刚度。

（20）输送泵立管必须搭设立管支架，且立管架必须与外架、支模架分开，不得连接使用。水平管不得直接搭在支模架上，应铺设架板支撑水平管。水平泵送的管道敷设线路应接近直线，少弯曲，管道及管道支撑必须牢固可靠，且能承受输送过程所产生的水平推力；管道接头处应密封可靠。

（21）在上层楼面施工浇筑混凝土时，派专人在下层楼面观察模板及其支撑系统情况。若发现模板变形、渗浆等情况时，应立即停止泵送，组织人员进行整改。

（22）泵送混凝土浇筑速度快，振动器振捣后横向流动混凝土产生水平推力大，对于安装到位的竖直模板容易产生失稳或变形，应特别注意安全。泵送前应将模板加固，适当增加对拉螺杆等。

（23）泵送混凝土时，操作人员应远离管口，防止混凝土突然冲出伤人。

（24）浇筑边梁、雨篷等临边结构，应搭设临时支模架，防止人员坠落。

（25）浇灌混凝土使用的溜槽及串筒节间必须连接牢固，操作部位要有护身栏杆。不准直接站在溜槽上操作。

（26）模板拆除前必须经过申请批准，有项目部施工技术人员签发的拆模通知单方可开始拆模。

（27）作业面孔洞的临边应及时作相应的防护。

（28）所有施工班组必须服从项目部的安全生产条例。

（29）模板堆放场地，必须设置灭火器和就近设置消防龙头。

（30）2m以上高处作业时，必须搭设可靠的操作平台。

（31）模板拆除时必须设置警戒线并派专人监护。作业面不得留有未拆除的悬空模板。

十一、现场文明施工和材料节约措施

（1）模板、木枋在制模配料时，必须周密考虑，考虑尽可能提高材料利用率。施工现场未经施工技术员许可，不得乱锯木枋、板材；发现乱锯、乱裁现象，木枋每根罚100元，模板每块罚款300元。

（2）支模用的螺杆，螺帽、垫牌、蝴蝶扣等金属材料必须及时回收，不得乱丢、乱扔，若有发现，每单个数量罚款5～10元。不得拆用扣件螺帽作为穿墙螺杆用的螺帽，发现一次罚款50元。

（3）装拆模板时，木枋、模板以及其他配件必须传递轻放，不得高空往下扔，以免造成材料损伤，以至减少材料周转次数并影响质量。模板拆除后，必须进行精心清理、维护，以保证下一步施工质量。

（4）进入现场的模板、枋材、钢管、扣件等应集中定点堆放，堆码整齐，专人保管，设完整的领料体系。楼面施工时，支模架搭设必须整齐、规矩；模板施工工序完毕楼面上剩余木枋、模板、管材、配件等必须收捡成堆，不得乱摆、乱放，保持楼面整洁。

（5）拆模时，所拆模板应按编号堆放整齐，使用时定点吊运到上一层楼面，不得错位。楼层拆模完成后，由木工班组负责将楼面所有杂物清扫干净，以文明、整洁的楼道交给下道工序。整个工程模板完成后，模板材料应分类清理、清除水泥浆、铁钉等，并按项目部指定位置堆放整齐。

（6）对定型柱模、剪力墙模板必须进行编号，对号对位安装，楼面梁板就对位定点使用，进入标准层以后，尤须严格编号上下，对应安装模板，不得错乱，以免造成模板浪费。

（7）木工班组集体宿舍应保持清净、整齐，有专人清扫，集体宿舍保持内部和周边整洁。各班组有义务配合项目进行文明施工，并严格按照项目部现场文明施工条例施工。

参 考 文 献

[1] GB 50300—2001 建筑工程施工质量验收统一标准.北京：中国计划出版社，2001.
[2] GB 50214—2001 组合钢模板技术规范.北京：中国计划出版社，2001.
[3] GB 50113—2005 滑动模板工程技术规范.北京：中国计划出版社，2005.
[4] GB 50204—2002 混凝土结构工程施工质量验收规范.北京：中国建筑工业出版社，2002.
[5] GB/T 13123—2003 竹编胶合板.北京：中国标准出版社，2003.
[6] GB 50005—2003 木结构设计规范.北京：中国建筑工业出版社，2003.
[7] JG/T 156—2004 竹胶合板模板.北京：中国标准出版社，2004.
[8] JGJ 162—2008 建筑施工模板安全技术规范.北京：中国建筑工业出版社，2008.
[9] JGJ 74—2003 建筑工程大模板技术规范.北京：中国建筑工业出版社，2003.
[10] JGJ 96—1995 钢框胶合板模板技术规范.北京：中国建筑工业出版社，2003.
[11] 孟秀英.水工模板工程施工.北京：中国水利水电出版社，2011.
[12] 李继业，黄延麟.模板工程基础知识与施工技术.北京：中国建材工业出版社，2012.
[13] 李继业.建筑工程施工实用技术手册.北京：中国建材工业出版社，2012.
[14] 杨嗣信.模板工程现场施工实用手册.北京：人民交通出版社，2005.
[15] 瞿义勇.模板工长实用技术手册.北京：中国电力出版社，2008.
[16] 郭杏林.模板工程施工细节详解.北京：机械工业出版社，2008.
[17] 张建边.模板工.北京：化学工业出版社，2008.